海绵城市建设适用技术丛书

小区雨水收集利用规划与设计

水浩然　主编

中国建材工业出版社

图书在版编目（CIP）数据

小区雨水收集利用规划与设计/水浩然主编. —北京：中国建材工业出版社，2016.6

（海绵城市建设适用技术丛书）

ISBN 978-7-5160-1493-6

Ⅰ. ①小… Ⅱ. ①水… Ⅲ. ①雨水资源-资源利用-研究 Ⅳ. ①TV21

中国版本图书馆 CIP 数据核字（2016）第 117921 号

小区雨水收集利用规划与设计

水浩然 主编

出版发行：中国建材工业出版社

地　　址：北京市海淀区三里河路 1 号

邮　　编：100044

经　　销：全国各地新华书店

印　　刷：北京金特印刷有限责任公司

开　　本：710mm×1000mm 1/16

印　　张：15

字　　数：288 千字

版　　次：2017 年 6 月第 1 版

印　　次：2017 年 6 月第 1 次

定　　价：**58.00 元**

本社网址：www.jccbs.com　　微信公众号：zgjcgycbs

本书如出现印装质量问题，由我社市场营销部负责调换。联系电话：(010)88386906

前　言

　　快速的城市化进程加之气候变化的影响，改变了城市区域暴雨的径流条件，使雨水径流总量增大，洪峰流量提高，洪峰出现的时间提前。尤其是随着城镇化进程的加快，道路、广场、楼房等大量人工建筑使城市硬化地面和屋面迅速增加，直接影响着城市原始的水系，使土壤渗透系数减小，雨水入渗量减少，地下水源的涵养和补给受到阻碍，地下水位急剧下降。目前，我国城市雨水大多采用"道路边沟—雨水口—连接管—检查井—市政雨水管线"的传统排水方式，这种雨水排除方式的重点放在"排"字上，其结果是降水后雨水迅速形成了地面径流，并携带市区污水进入城市水系，使径流水质变差，水中的固体悬浮物及污染物浓度大幅提高。城市暴雨径流大量增加后，会使雨水排水系统的过水能力不足，以至于引起城市下游洪水泛滥，城市中雨水道拥堵返水，造成交通中断，下凹式立交桥及地下通道淹没，房屋和财产受到破坏和损失。

　　针对传统城市雨水排放表现出的严重缺陷，近年来产生了海绵城市的理念。所谓海绵城市是指城市能够像海绵一样，在适应环境变化和应对自然灾害等方面具有良好的"弹性"，下雨时吸水、蓄水、渗水、净水，需要时将蓄存的雨水"释放"并加以利用。在海绵城市建设中，首先，建筑设计与改造的主要途径是推广普及绿色屋顶、透水停车场、雨水收集利用设施等。其次，通过绿色屋顶、透水地面和雨水储罐收集到的雨水，经过净化既可以作为生活杂用水，也可以作为消防用水和应急用水，可大幅提高建筑用水的节约和循环利用，体现低影响开发的内涵。海绵城市就像一块海绵那样，能把水循环利用起来，把初期雨水径流的污染削减掉。同时，通过雨水的储存与渗透，将雨水渗入地下补充地下水，使地下水系得到涵养，地下水位缓慢回升，修复水生态系统。

　　城市雨水收集回用系统的建立是城镇建设的新课题，尚处在研讨和推广阶段。本书出版的目的是基本理清建筑和小区雨水收集和利用系统的构架，概要介绍了雨水收集利用规划和设计方法，供同行在做此项工作时参考。由于作者水平有限、经验不足，文中若有错误和不妥之处，恳请不吝赐教。

水浩然

2017.4

目　录

1　小区雨水收集利用规划要点

1.1　规划小区的规模划分

在做雨水收集利用规划时，对建筑小区的规模有一定要求。北京市地方标准《雨水控制与利用工程设计规范》（DB11/685—2013）第 4.1.4 条规定：

"总用地面积为 5 公顷（含）（即 $5 \times 10^4 m^2$）以上的新建工程项目，应先编制雨水控制与利用规划，再进行工程设计。用地面积小于 5 公顷（即 $5 \times 10^4 m^2$）的，可直接进行雨水控制与利用工程设计，且应按照规划指标要求进行。"

建筑小区是否需要编制雨水控制和利用规划，或是可以直接做雨水控制与利用工程的设计，与建筑小区的规模有关。

1.2　规划内容要点

1. 基本规划参数——雨水径流系数的确定

《雨水控制与利用工程设计规范》（DB11/685—2013）第 4.2.2 条条文说明指出：

"雨水控制与利用规划参数应包括确定雨水排水设计标准及外排雨水流量径流系数，根据要求给出建设项目需要达到的雨水外排流量的径流系数值。"

《雨水控制与利用工程设计规范》（DB11/685—2013）第 4.1.3 条规定：

"雨水控制与利用工程的设计标准，应使得建设区域的外排水总量不大于开发前的水平，并满足以下要求：

（1）已建成城区的外排雨水流量径流系数不大于 0.5；

（2）新开发区域外排雨水流量径流系数不大于 0.4；

（3）外排雨水峰值流量不大于市政管网的接纳能力。"

国家标准《建筑与小区雨水利用工程技术规范》（GB 50400—2006）第 4.2.2 条规定：

"径流系数应按下列要求确定：建设用地雨水外排管渠流量径流系数宜

按扣损法经计算确定，资料不足时可采用 0.25～0.4。"

所谓雨量扣损法是指扣除平均损失强度的方法，参见《建筑与小区雨水利用工程技术规范》（GB 50400—2006）第 4.2.2 条条文说明，或西安冶金建筑学院主编的《水文学》一书介绍。

具体计算时，若已知小区汇水面积内各种性质的屋面、地面的不同占地比例，其雨水雨量径流系数和流量径流系数应按所占地面加权平均法计算，见式（1-1）、式（1-2）：

$$\psi_{\mathrm{c}} = \frac{\sum \psi_{\mathrm{ci}} F_{\mathrm{i}}}{\sum F_{\mathrm{i}}} \tag{1-1}$$

$$\psi_{\mathrm{m}} = \frac{\sum \psi_{\mathrm{mi}} F_{\mathrm{i}}}{\sum F_{\mathrm{i}}} \tag{1-2}$$

式中　ψ_{c}——综合雨量径流系数；

　　　ψ_{m}——综合流量径流系数；

　　　ψ_{ci}——各类下垫面的雨量径流系数；

　　　ψ_{mi}——各类下垫面的流量径流系数；

　　　F_{i}——汇水面上各类下垫面面积（m²）。

注：变量的下角变化代表不同的应用场合。

不同下垫面种类的雨量径流系数和流量径流系数的取值见表 1-1：

表 1-1　径流系数表

下垫面种类		雨量径流系数 ψ_{c}	流量径流系数 ψ_{m}
屋面	绿化屋面（基质层厚度≥300mm）	0.3～0.4	0.4
	硬屋面、未铺石子的平屋面、沥青屋面	0.8～0.9	1
	铺石子的平屋面	0.6～0.7	0.8
混凝土或沥青路面及广场		0.8～0.9	0.9～0.95
大块石铺砌路面及广场		0.5～0.6	0.7
沥青表面处理的碎石路面及广场		0.45～0.55	0.65
级配碎石路面及广场		0.4	0.5
平砌砖石或碎石路面及广场		0.4	0.4～0.5
非铺砌的土路面		0.3	0.35～0.4
绿地		0.15	0.3
水面		1	1
地下室覆土绿地（≥500mm）		0.15	0.3
地下室覆土绿地（<500mm）		0.3～0.4	0.4
透水铺装地面		0.08～0.45	0.08～0.45
下沉广场（50 年及以上一遇）		—	0.85～1.0

2. 雨水控制与利用方案的选用

《雨水控制与利用工程设计规范》（DB11/685—2013）第 4.3.1 条规定：

"雨水控制与利用应采用入渗、滞蓄系统，收集回用系统，调节系统之一或其组合，并满足以下规定：

（1）建筑与小区宜优先采用雨水入渗、滞蓄系统，地下建筑顶面的透水铺装及绿地宜设增渗设施；

（2）具有大型屋面的建筑宜设收集回用系统，收集屋面雨水回用于绿地浇灌、场地清洗及渗入地下等；

（3）市政条件不完善或项目排水标准高的区域，当排水量超过市政管网接纳能力时，应设调节系统，减少外排雨水的峰值流量。"

常用的雨水控制与利用的工艺流程和形式如下：

（1）屋面雨水蓄渗

① 屋面雨水→埋地雨水管→雨水收集井→多孔渗透管→溢流至市政管网（图1-1）。

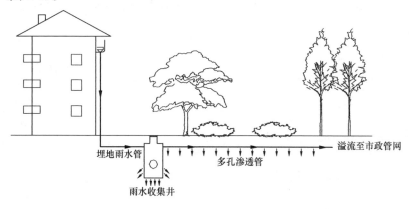

图1-1 屋面雨水蓄渗方案一

② 屋面雨水→雨水口→泥沙分离井→多孔渗透管→溢流至市政管网（图1-2）。

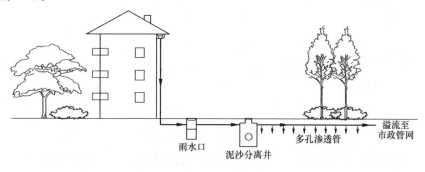

图1-2 屋面雨水蓄渗方案二

3

③ 屋面雨水→下凹式绿地→溢流→雨水口→泥沙分离井→多孔渗透管→溢流至市政管网（图1-3）。

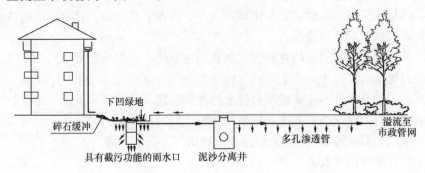

图1-3 屋面雨水蓄渗方案三

④ 屋面雨水→下凹式绿地→溢流→景观水体溢流排放（图1-4）。

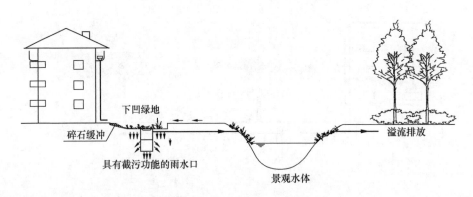

图1-4 屋面雨水蓄渗方案四

（2）小区道路雨水蓄渗

① 道路雨水→植被浅沟→渗透管渠→渗透池（塘）→溢流至市政管网（图1-5）。

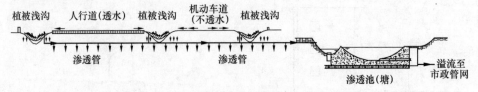

图1-5 小区道路雨水蓄渗方案一

② 道路雨水→雨水口→泥沙分离井→渗透管渠→溢流至市政管网（图1-6）。

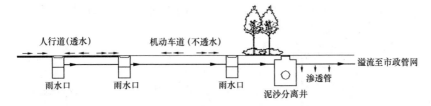

图 1-6　小区道路雨水蓄渗方案二

③ 道路雨水→泥沙分离井→多孔渗透管→溢流至市政管网（图 1-7）。

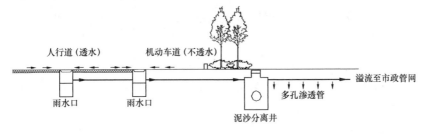

图 1-7　小区道路雨水蓄渗方案三

④ 道路雨水→雨水预处理→生物滞留设施→多孔渗透管→溢流至市政管网（图 1-8）。

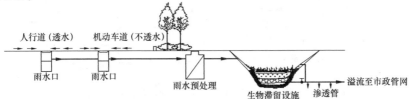

图 1-8　小区道路雨水蓄渗方案四

（3）屋面雨水收集回用

① 屋面雨水→埋地雨水管→雨水收集井→雨水储水池→处理回用（图 1-9）。

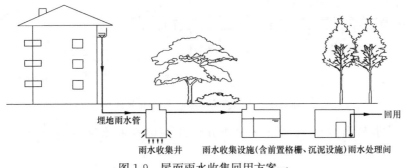

图 1-9　屋面雨水收集回用方案一

② 屋面雨水→雨水口→泥沙分离井→雨水储水池→处理回用（图1-10）。

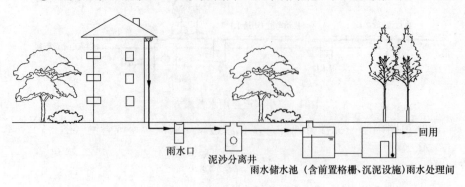

图1-10　屋面雨水收集回用方案二

③ 屋面雨水→绿地→多孔渗透管→雨水储水池→处理回用（图1-11）。

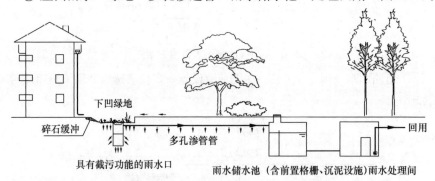

图1-11　屋面雨水收集回用方案三

（4）小区道路雨水收集回用

① 道路雨水→植被浅沟→雨水储水池→处理回用（图1-12）。

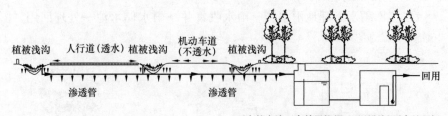

图1-12　小区道路雨水收集回用方案一

② 道路雨水→雨水口→泥沙分离井→雨水储水池→处理回用（图1-13）。

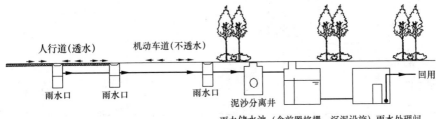

图 1-13　小区道路雨水收集回用方案二

③ 道路雨水→雨水预处理→生物滞留设施→雨水储水池→处理回用（图 1-14）。

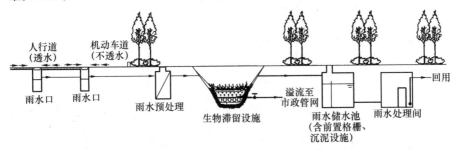

图 1-14　小区道路雨水收集回用方案三

（5）道路雨水（含融雪剂）收集回用

① 道路雨水→雨水口→弃流井→雨水储水池→处理回用（图 1-15）。

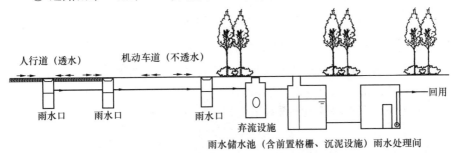

图 1-15　道路雨水（含融雪剂）收集回用方案一

② 立交桥桥面雨水→雨水口→雨水储水池→处理回用（图 1-16）。

（6）雨水调蓄排放（图 1-17）

屋面雨水→雨水口→雨水调节池→溢流 ┐
　　　　　　　　　　　　　　　　　├→外排至市政雨水管。
下沉式广场雨水→防洪调蓄池→提升 ┘

7

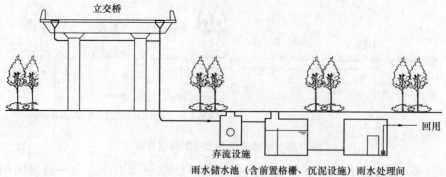

图 1-16　道路雨水（含融雪剂）收集回用方案二

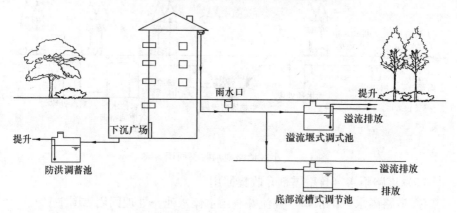

图 1-17　雨水调蓄排放方案

3. 雨水控制与利用设施规模的确定

雨水控制与利用设施规模应通过分析计算确定。计算内容应包括：

（1）外排雨水雨量径流系数的核算

小区外排雨水雨量径流系数采用式（1-2）计算：

$$\psi_m = \frac{\sum \psi_{mi} F_i}{\sum F_i}$$

计算所得的 ψ_m 值需满足如下要求：

a. 已建成城区的外排雨水流量径流系数不大于 0.5；

b. 新开发区域外排雨水流量径流系数不大于 0.4。

（2）水量平衡

水量平衡就是用表格或方块图的形式表达雨水入渗、收集回用和调蓄排放系统水量的分配和路线。

（3）确定雨水收集利用系统规模的依据

《建筑与小区雨水利用工程技术规范》（GB 50400—2006）第 4.1.5 条规定：

"雨水利用系统的规模应满足建设用地外排雨水设计流量不大于开发建设前的水平或规定的值，设计重现期不得小于 1 年，宜按 2 年确定。"

《雨水控制与利用工程设计规范》（DB11/685—2013）第 4.3.4 条规定：

"雨水收集回用系统的设施规模根据下列条件确定：

（1）可收集的雨量；

（2）回用水量、回用水用水时间与雨季降雨规律的吻合程度及回用水的水质要求；

（3）水量平衡分析；

（4）经济合理性。

例 1-1 北京有一个综合小区，其各种受雨水面积及其采用的雨量径流系数见表 1-2。请据此进行雨量收集及回用系统的规划和水量平衡分析。

表 1-2 小区受水面数量与径流系数

受水面种类	面积（m²）	雨量径流系数 ψ_c	流量径流系数 ψ_m
硬屋面	$F_1 = 13794$	0.9	1
混凝土广场	$F_2 = 2706$	0.9	0.95
沥青路面	$F_3 = 14500$	0.85	0.95
人行道	$F_4 = 2475$	0.4	0.5
未铺砌地面	$F_5 = 1225$	0.3	0.35
绿地	$F_6 = 20300$	0.15	0.3
小计	$\Sigma F = 55000$		

注：表中"人行道"的径流系数以干砌砖石路面考虑。

解 （1）从表 1-2 知，本小区总用地面积为 55000m²（合 5.5 公顷），根据《雨水控制与利用工程设计规范》（DB11/685—2013）第 4.1.4 条规定，应先编制雨水控制与利用规划，再进行工程设计。

以下叙述规划内容的要点。

（2）小区外排综合雨水流量系数的核算

如果小区不做雨水收集和回用系统，其受水面积的外排综合雨水流量径流系数计算如下，采用式（1-2）：

$$\psi_m = \frac{1 \times 1.3794 + 0.95 \times 0.2706 + 0.95 \times 1.45 + 0.35 \times 0.145 + 0.3 \times 2.03 + 0.4 \times 0.2475}{5.5}$$

$$= 0.685$$

由于 $\psi_\mathrm{m} > 0.4$，依据《雨水控制与利用工程设计规范》（DB11/685—2013）第 4.1.3 条规定，对于新开发小区而言，应在小区内设置雨水控制与利用系统。

（3）受水面硬屋面部分雨水分析

1）硬屋面上降雨总量 W_1

采用《建筑与小区雨水利用工程技术规范》（GB 50400—2006）的公式（4.2.1-1）计算，其设计重现期依据规范第 4.1.5 条可取 $P=2a$，此时北京地区 $P=2a$ 最大 24h 的典型降雨量查《雨水控制与利用工程设计规范》（DB11/685—2013）的表 3.1.1-1，降雨量可取 $h_\mathrm{y}=81\mathrm{mm}$。计算公式如下：

$$W_\mathrm{j} = 10\psi_\mathrm{cl} h_\mathrm{y} F_1 \tag{1-3}$$

式中　W_j——受水面硬屋面上降雨总量（m^3）；

　　　ψ_cl——硬屋面雨量径流系数，取 $\psi_\mathrm{cl}=0.9$；

　　　h_y——降水量，为 81（mm）；

　　　F_1——硬屋面面积（hm^2）。$F_1=13794\mathrm{m}^2=1.3794$（$\mathrm{hm}^2$）。

注：变量的下角变化代表不同的应用场合。

代入式（1-3）得：

$W_\mathrm{j} = 10 \times 0.9 \times 81 \times 1.3794$

$\quad = 1005.6(\mathrm{m}^3)$

2）硬屋面雨水初期弃流量 W_i

雨水弃流量的计算采用《建筑与小区雨水利用工程技术规范》（GB 50400—2006）中公式（5.6.5），即式（1-4）。

$$W_\mathrm{i} = 10\delta F_\mathrm{i} \tag{1-4}$$

式中　W_i——雨水初期弃流量（m^3）；

　　　δ——雨水初期弃流厚度（mm），屋面弃流可取（2～3）mm。本例题中的 $\delta=2\mathrm{mm}$；

　　　F_i——受水硬屋面面积（hm^2）。也即公式（1-3）中的 F_1。

注：变量的下角变化代表不同的应用场合。

代入公式（1-4）得：

$W_\mathrm{i} = 10 \times 2 \times 1.3794$

$\quad = 27.6(\mathrm{m}^3)$

3）屋面雨水可回用量 W_h

$W_\mathrm{h} = W_\mathrm{j} - W_\mathrm{i}$

$\quad = 1005.6 - 27.6$

$\quad = 978(\mathrm{m}^3)$

4) 受水面混凝土广场部分雨水分析

依据《雨水控制与利用工程设计规范》（DB11/685—2013）第 4.2.3 条的规定，混凝土广场需有 70% 的面积做雨水透水砖，其余面积做不透水铺砌。

① 混凝土广场上降雨总量 W_2

混凝土广场上的降雨总量用公式（1-5）计算：

$$W_2 = 10h_yF_2 \qquad\qquad (1\text{-}5)$$

式中　W_2——混凝土广场的降雨总量（m^3）；

　　　h_y——北京地区重现期为 2 年时，最大 24h 的降雨量，取 $h_y=$ 81mm；

　　　F_2——混凝土广场面积（hm^2），$F_2=2706$（m^2）$=0.2706$（hm^2）。

注：变量下角的变化分别代表不同的应用场合。

代入式（1-5）得：

$W_2 = 10 \times 81 \times 0.2706$

　　$= 219.2(m^3)$

② 广场铺砌透水砖面积部分的雨水渗透量 W_{s1}

透水地面雨水渗透量采用《建筑与小区雨水利用工程技术规范》（GB 50400—2006）中的公式，即式（1-6）。

$$W_{s1} = \alpha K J A_{s1} t_s \qquad\qquad (1\text{-}6)$$

式中　W_{s1}——透水地面的雨水渗透量（m^3）；

　　　α——综合安全系数，一般可取 0.5～0.8，此处取 $\alpha=0.55$；

　　　K——土壤渗透系数（m/s）。小区土质为粉质黏土，取 $K=4\times 10^{-6}$（m/s）；

　　　J——水力坡降，取 $J=1$；

　　　A_{s1}——透水地面的面积（m^2），$A_s=70\%F_2=0.7\times 2706=1894.2$（$m^2$）；

　　　t_s——渗透时间（s），对于广场渗透设施，取 $t_s=24$（h）$=24\times 3600=86400$（s）。

注：变量下角的变化分别代表不同的应用场合。

代入式（1-6）后得：

$W_{s1} = 0.55 \times 4 \times 10^{-6} \times 1 \times 1894.2 \times 86400$

　　$= 360.0(m^3)$

③ 广场铺砌透水砖面积部分外排雨水量 W_{q1}

外排雨水量采用式（1-3）：

$$W_{q1} = 10\psi_{c2}h_yF_{2-1}$$

式中　W_{q1}——广场铺砌透水砖面积部分的外排雨水量（m³）；

　　　ψ_{c2}——广场透水砖的雨量径流系数，$\psi_{c2}=0.25$；

　　F_{2-1}——广场铺砌透水砖的面积（hm²），此处 $F_{2-1}=A_{s1}=0.18942$（hm²）。

代入式（1-3）得：

$$W_{q1} = 10 \times 0.25 \times 81 \times 0.18942$$
$$= 38.4(\text{m}^3)$$

④ 广场未铺砌透水砖面积部分外排雨水量 W_{q2}

也采用式（1-3）计算：

$$W_{q2} = 10\psi_{c3}h_yF_{2-2}$$

式中　ψ_{c3}——广场混凝土地面雨量径流系数，取 $\psi_{c3}=0.9$；

　　F_{2-2}——广场未铺砌透水砖面积（hm²）。$F_{2-2}=F_2-F_{2-1}=0.2706-0.18942=0.08118$（hm²）。

代入后得：

$$W_{q2} = 10 \times 0.9 \times 81 \times 0.08118$$
$$= 59.2(\text{m}^3)$$

⑤ 广场雨水分析

广场铺砌透水砖后，其24h最大渗透量可达 $W_{s1}=360.0$（m³），而广场面积上的降雨总量 $W_2=219.2$（m³），应该说在24h内，广场上的降雨量都可通过透水砖渗透到地下。但是，外排雨水径流量是短时的行为，不是24h完成的，故广场外排雨水径流量为 $W_{qG}=W_{q1}+W_{q2}=38.4+59.2=97.6$（m³），通过透水砖渗透入地下的雨水量为 $W'_{s1}=W_2-W_q=219.2-97.6=121.6$（m³）。此时，也没有雨水贮存于透水砖下碎石基层中的渗透管内。

5）受水面沥青路面部分雨水分析

沥青路面部分的雨水都作为外排雨水径流量排出小区。其外排雨水径流量计算也采用式（1-3）：

$$W_{q3} = 10\psi_{c4}h_yF_3$$

式中　W_{q3}——沥青路面外排雨水径流量（m³）；

　　　ψ_{c4}——沥青路面雨量径流系数，取 $\psi_{c4}=0.85$；

　　　F_3——沥青路面面积（hm²）。$F_3=14500$（m²）$=1.45$（hm²）。

代入公式后得：

$$W_{q3} = 10 \times 0.85 \times 81 \times 1.45$$
$$= 998.3(\text{m}^3)$$

6）受水面积人行道部分雨水分析

依据《雨水控制与利用工程设计规范》（DB11/685—2013）第 4.2.3 条的规定，人行道需有 70% 的面积做雨水透水砖，其余面积仍采用不透水铺砌。

① 人行道上降雨总量 W_4

人行道上的降雨总量用式（1-5）计算：
$$W_4 = 10 h_y F_4$$

式中　W_4——人行道上的降雨总量（m^3）；

　　　F_4——人行道部分面积（hm^2），$F_4 = 2475$（m^2）$= 0.2475$（hm^2）。

代入公式得：
$$W_4 = 10 \times 81 \times 0.2475$$
$$= 200.5(\text{m}^3)$$

② 人行道铺砌透水砖面积部分的雨水渗透量 W_{s2}

人行道铺砌透水砖部分雨水渗透量采用公式（1-6）计算：
$$W_{s2} = \alpha K J A_{s2} t_s$$

式中　W_{s2}——人行道铺砌透水砖部分雨水渗透量（m^3）；

　　　A_{s2}——透水人行道的面积（m^2），$A_{s2} = 70\% F_4 = 70\% \times 0.2475$
　　　　　　$= 0.1733$（hm^2）。

其余参数取值：$\alpha = 0.55$、$K = 4 \times 10^{-6}$、$J = 1$、$t_s = 86400$（s）。

代入公式得：
$$W_{s2} = 0.55 \times 4 \times 10^{-6} \times 1 \times 1733 \times 86400 = 329.4(\text{m}^3)。$$

③ 人行道铺砌透水砖面积部分外排雨水量 W_{q4}

外排雨水量计算采用式（1-3）：
$$W_{q4} = 10 \psi_{c5} h_y F_{4-1}$$

式中　W_{q4}——人行道铺砌透水砖面积部分的外排雨水量（m^3）；

　　　ψ_{c5}——人行道透水砖的雨量径流系数，$\psi_{c5} = 0.25$；

　　　F_{4-1}——人行道铺砌透水砖的面积（hm^2），$F_{4-1} = A_{s2} = 0.1733$
　　　　　　（hm^2）。

代入公式得：
$$W_{q4} = 10 \times 0.25 \times 81 \times 0.1733 = 35.1(\text{m}^3)。$$

④ 人行道未铺砌透水砖面积部分外排雨水量 W_{q5}

采用式（1-3）计算：

$$W_{q5} = 10\psi_{c6}h_yF_{4-2}$$

式中　W_{q5}——人行道未铺砌透水砖面积部分外排雨水量（m³）；

　　　　ψ_{c6}——人行道雨量径流系数，查表1-2，取 $\psi_{c6}=0.4$

　　　　F_{4-2}——人行道未铺砌透水砖部分面积（hm²）。$F_{4-2}=F_4-F_{4-1}=$
　　　　　　　　$0.2475-0.1733=0.0742$（hm²）。

代入公式（1-3）得：

$W_{q5} = 10\times0.4\times81\times0.0742 = 24.0$（m³）。

⑤ 人行道雨水分析

人行道铺砌透水砖后，其最大渗透量 $W_{s2}=329.4$（m³）大于其降雨总量 $W_4=200.5$（m³）。故其雨水分析与"广场雨水分析"类同，人行道面积部分外排雨水量可为 $W_{qR}=W_{q4}+W_{q5}=35.1+24.0=59.1$（m³），渗透入地下的雨水量 $W'_{s2}=W_4-W_{qG}=200.5-59.1=141.4$（m³）。此时，没有雨水贮存于透水砖下碎石基层中。

7）受水面未铺砌地面部分雨水分析

未铺砌地面的外排雨水径流量计算采用公式（1-3）计算：

$$W_{q6} = 10\psi_{c7}h_yF_5$$

式中　W_{q6}——小区未铺砌地面部分外排雨水量（m³）；

　　　　ψ_{c7}——未铺砌地面雨量径流系数，查表1-2，$\psi_{c7}=0.3$；

　　　　F_5——未铺砌地面面积（hm²）。$F_5=0.1225$（hm²）。

代入公式得：

$W_{q6} = 10\times0.3\times81\times0.1225 = 29.8$（m³）

8）受水面绿地部分雨水分析

绿地部分外排雨水径流量可用公式（1-3）计算：

$$W_{q7} = 10\psi_{c8}h_yF_6$$

式中　W_{q7}——绿地部分外排雨水量（m³）；

　　　　ψ_{c8}——绿地雨量径流系数，查表1-2，$\psi_{c8}=0.15$；

　　　　F_6——绿地面积（hm²）。$F_6=2.03$（hm²）。

代入公式得：

$W_{q7} = 10\times0.15\times81\times2.03 = 246.6$（m³）。

9）小区雨水收集和回用系统贮存雨水容积 V

小区雨水收集和回用系统贮存雨水的容积有三部分组成：一部分是可回用硬屋面雨水的贮存量，二部分是广场铺砌透水砖部分碎石基层内的雨水贮存量，三部分是人行道铺砌透水砖部分碎石基层内的雨水贮存量。

① 硬屋面雨水可回用部分的贮存量 V_1

依据《建筑与小区雨水利用工程技术规范》（GB 50400—2006）第 7.1.3 条，"收集回用系统应设置雨水储存设施。雨水储存设施的有效储水容积不宜小于集水面重现期 1~2 年的日雨水设计径流总量扣除设计初期径流弃流量。"

据前面计算，硬屋面面积 $F_1 = 1.3794$（hm²），北京地区重现期 $P = 1~2a$，24h 最大降雨量 $h_y = 45~81$mm，雨水初期弃流厚度 δ 取 2mm。则雨水回用设施雨水贮存量可取在以下范围内

$$V_1 = 10 \times 0.9 \times (45 \sim 81) \times 1.3794 - 10 \times 2 \times 1.3794$$
$$= 531.1 \sim 978(\text{m}^3)$$

以上方法计算得到的贮存容积偏大偏保守些，为合理计，取值宜为中间值附近，故取 $V_1 = 750$（m³）。

② 广场和人行道部分铺砌透水砖下面碎石基层内雨水贮存量 V_2

广场和人行道铺砌透水砖的面积 $F = F_{2-1} + F_{4-1} = 0.18942 + 0.1733 = 0.36272$（hm²），透水砖下碎石基层的厚度以 $\delta_t = 0.4$（m）考虑，碎石基层中的含水率取 20%，则碎石基层内雨水的贮存容积可为：

$$V_2 = F \cdot \delta_t \cdot 20\% = 3627.2 \times 0.4 \times 20\% = 290.2(\text{m}^3)。$$

3) 小区雨水收集和回用系统中雨水贮存量 V

$$V = V_1 + V_2 = 750 + 290.2 = 1040.2(\text{m}^3)。$$

10) 小区雨水收集和回用系统功能分析

① 采用雨水收集和回用系统后小区雨量径流系数的改变

采用雨水收集和回用系统后受水面数量与径流系数见表 1-3。

表 1-3　采用雨水收集和回收系统后小区的受水面和雨量径流系数

受水面		面积（hm²）	流量径流系数 ψ_m
硬屋面	收集回用	1.3415	0
	弃流	0.0379	1
广场	铺砌透水砖	0.18942	0.25
	未铺砌透水砖	0.08118	0.9
人行道	铺砌透水砖	0.1733	0.25
	未铺砌透水砖	0.0742	0.5
沥青路面		1.45	0.85
绿地		2.03	0.3
小计		5.5	

此时的雨水流量径流系数 ψ'_m 计算如下（公式（1-2））：

$$\psi'_m = \frac{\begin{array}{l}0 \times 1.3415 + 1 \times 0.0379 + 0.25 \times 0.18942 + 0.9 \times 0.08118 + 0.25 \times \\ 0.1733 + 0.5 \times 0.0742 + 0.85 \times 1.45 + 0.35 \times 0.1225 + 0.3 \times 2.03\end{array}}{5.5}$$

$= 0.386$

$\psi'_m < \psi_m$ (0.685)，符合《雨水控制与利用工程设计规范》（DB11/685—2013）第4.1.3条关于"新开发区域外排雨水流量径流系数不大于0.4"的规定。

② 采用雨水收集和回用系统后外排雨水径流量分析

采用雨水收集和回用系统前小区外排雨水径流量用公式（1-3）计算：

$$W_q = 10 \psi_c h_y \sum F$$

式中 W_q——小区采用雨水收集和回用系统前外排雨水量（m³）；

ψ_c——小区采用雨水收集和回用系统前雨量径流系数，其数值计算如下（公式1-1）：

$$\psi_c = \frac{\begin{array}{l}0.9 \times 1.3794 + 0.9 \times 0.2706 + 0.85 \times 1.45 + 0.4 \times 0.2475 + \\ 0.3 \times 0.1225 + 0.15 \times 2.03\end{array}}{5.5}$$

$= 0.574$

$\sum F$——小区总用地面积（hm²）。$\sum F = 5.5$（hm²）。

代入公式（1-3）得：

$W_q = 10 \times 0.574 \times 81 \times 5.5 = 2557.2 (\text{m}^3)$

采用雨水收集和回用系统后小区外排雨水量计算如下：

$W'_q = W_i + W_{q1} + W_{q2} + W_{q3} + W_{q4} + W_{q5} + W_{q6} + W_{q7}$

$= 27.6 + 38.4 + 59.2 + 998.3 + 35.1 + 24.0 + 29.8 + 246.6$

$= 1459.0 (\text{m}^3)$

小区减少雨水外排量：

$\Delta W_q = W_q - W'_q = 2557.2 - 1459.0 = 1098.2 (\text{m}^3)$。

外排减少雨水量占原外排雨水量的比例：

$$\frac{\Delta W_q}{W_q} = \frac{1098.2}{2557.2} = 42.9\%。$$

截流雨水的效果明显。

③ 小区雨少收集和回用系统配建调蓄设施容积的核算

小区雨水控制与利用规划应优先利用低洼地形、下凹式绿地、透水铺装等设施滞蓄雨水减少外排雨水量,若这些设施滞蓄雨水不够时,按规划要求就应配制专用雨水调蓄设施。

《雨水控制与利用工程设计规范》(DB11/685—2013)第4.2.3条规定:

"新建工程硬化面积达2000m² 及以上的项目,应配建雨水调蓄设施,具体配建标准为:每一千平方米硬化面积配建调蓄容积不小于30m³ 的雨水调蓄设施。"

对于非居住区的综合小区项目,"硬化面积包括建设用地范围内的屋顶、道路、广场、庭院等部分的硬化面积,具体计算方法为:硬化面积=建设用地面积−绿地面积(包括实现绿化的屋顶)−透水铺装用地面积"。

据此,该小区的硬化面积 F_y 计算如下:

$$F_y = \sum F - F_6 - F_{2-1} - F_{4-1}$$
$$= 5.5 - 2.03 - 0.18942 - 0.1733$$
$$= 3.10728 \ (hm^2)$$

规划要求配建的雨水调蓄设施容积:

$$V_y = \frac{3.10728}{0.1} \times 30 = 932.2 \ (m^3)$$

据前面计算,小区雨水收集和回用系统中雨水系统设施贮存量 $V = 1040.2m^3$,由于 $V > V_y$,故雨水调蓄设施的容积是合理的,符合规划要求。

11) 水量平衡分析

将以上计算结果综合后绘制成水量平衡图,见图1-18。从中得到如下参数:

小区雨水系统若采用设计重现期 $P = 2a$、24h 最大降雨量 h_y 取 81mm(北京地区)的前提下,小区地域内的降雨总量约为 $4455m^3$。

在小区规划雨水收集和回用系统前,小区的综合雨水流量径流系数为 0.685,外排雨水量为 $2557.2m^3$。

在小区规划雨水收集和回用系统后,小区的综合雨水流量径流系数降为 0.386,小区通过雨水系统渗入地下的水量($W'_{s_1} + W'_{s_2}$)达到 $263m^3$,小区外排雨水量减少到 $1459m^3$,外排雨水减少幅度达到 42.9%。另有 $978m^3$ 雨水经处理后可用回。效果明显。

4. 小区地面高程控制、外排雨水径流量的测算

地面高程控制是小区总平面规划的内容之一,是结合小区地形,在做好雨水汇水方向、标注雨排水管的位置、管径的基础上,确定雨水收集和回用工程各控制点的标高。

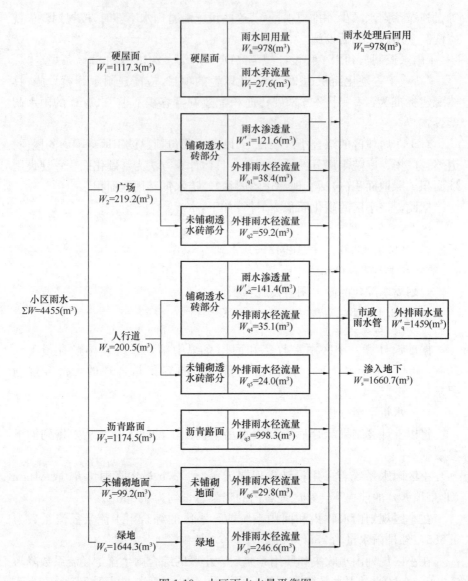

图 1-18 小区雨水水量平衡图

外排雨水径流量的测算可采用《建筑与小区雨水利用工程技术规范》（GB 50400—2006）中的公式（4.2.1-1），本书的公式为式（1-3）：

$$W = 10\psi_c h_y F$$

式中 W——小区外排雨水径流量（m^3）；

ψ_c——小区综合雨量径流系数，可采用公式（1-1）计算，其中各类下垫面的雨量径流系数查表 1-1；

18

h_y——设计降雨厚度（mm）。可取本地在设计重现期 $P = (1 \sim 2)a$ 条件下 24h 的最大降雨量（以 mm 表示）;

F——小区汇水面积（hm^2）。

公式（1-3）已在例 1-1 的计算中多次采用。

5. 年径流总量控制率

年径流总量控制率是各地根据多年日降雨量统计数据分析计算，通过自然和人工强化的渗透、储存、蒸发等方式，场地内累计全年得到控制（不外排）的雨量占全年总降雨量的百分比。

雨水开发系统的径流总量控制一般采用年径流总量控制率作为控制目标。年径流总量控制率与设计降雨量为一一对应关系。

区域开发时，一般应以开发建设后径流排放量接近开发建设前自然地貌时的径流排放量为衡量标准。由于自然地貌以绿地居多，一般情况下，绿地的年雨量径流系数为 0.15～0.20，因此，年径流总量控制率最佳为 80%～85%。以北京为例，当年径流总量控制率为 80% 和 85% 时，对应的设计降雨量为 27.3mm 和 33.6mm，分别对应约 0.5 年和一年一遇的 1 小时的降雨量。我国已编有大陆地区年径流总量控制率分区图，将大陆地区分成五个区：Ⅰ区（85%≤α≤90%），Ⅱ区（80%≤α≤85%）、Ⅲ区（75%≤α≤85）、Ⅳ区（70%≤α≤85%）、Ⅴ区（60%≤α≤85%）。年径流总量控制率的确定要从维持区域和环境良性循环及经济合理性角度出发，年径流总量控制目标也不是越高越好，雨量的过量收集、减排会导致原有水体的萎缩或影响水系统的良性循环，从经济性角度出发，当年径流总量控制率超过一定值时，投资效益会急剧下降，造成设施规模过大、投资浪费的问题。

表 1-4 所列为我国部分城市年径流总量控制率对应的设计降雨量值表。

6. 投资估算

表 1-5 列出了北京地区各种雨水设施的单位造价估算，供参考。

表 1-4　我国部分城市年径流总量控制率对应的设计降雨量值一览表

城市	不同年径流总量控制率对应的设计降雨量（mm）				
	60%	70%	75%	80%	85%
酒泉	4.1	5.4	6.3	7.4	8.9
拉萨	6.2	8.1	9.2	10.6	12.3
西宁	6.1	8.0	9.2	10.7	12.7
乌鲁木齐	5.8	7.8	9.1	10.8	13.0
银川	7.5	10.3	12.1	14.4	17.7

城市	不同年径流总量控制率对应的设计降雨量（mm）				
	60%	70%	75%	80%	85%
呼和浩特	9.5	13.0	15.2	18.2	22.0
哈尔滨	9.1	12.7	15.1	18.2	22.2
太原	9.7	13.5	16.1	19.4	23.6
长春	10.6	14.9	17.8	21.4	26.6
昆明	11.5	15.7	18.5	22.0	26.8
汉中	11.7	16.0	18.8	22.3	27.0
石家庄	12.3	17.1	20.3	24.1	28.9
沈阳	12.8	17.5	20.8	25.0	30.3
杭州	13.1	17.8	21.0	24.9	30.3
合肥	13.1	18.0	21.3	25.6	31.3
长沙	13.7	18.5	21.8	26.0	31.6
重庆	12.2	17.4	20.9	25.5	31.9
贵阳	13.2	18.4	21.9	26.3	32.0
上海	13.4	18.7	22.2	26.7	33.0
北京	14.0	19.4	22.8	27.3	33.6
郑州	14.0	19.5	23.1	27.8	34.3
福州	14.8	20.4	24.1	28.9	35.7
南京	14.7	20.5	24.6	29.7	36.6
宜宾	12.9	19.0	23.4	29.1	36.7
天津	14.9	20.9	25.0	30.4	37.8
南昌	16.7	22.8	26.8	32.0	38.9
南宁	17.0	23.5	27.9	33.4	40.4
济南	16.7	23.2	27.7	33.5	41.3
武汉	17.6	24.5	29.2	35.2	43.3
广州	18.4	25.2	29.7	35.5	43.4
海口	23.5	33.1	40.0	49.5	63.4

表 1-5　部分低影响开发单项设施单价估算一览表（北京地区）

低影响开发设施	单位造价估算
透水铺装	$60\sim200$（元$/m^2$）
绿色屋顶	$100\sim300$（元$/m^2$）
狭义下沉式绿地	$40\sim50$（元$/m^2$）
生物滞留设施	$150\sim800$（元$/m^2$）
池塘	$400\sim600$（元$/m^2$）
雨水湿地	$500\sim700$（元$/m^2$）
蓄水池	$800\sim1200$（元$/m^2$）
调节塘	$200\sim400$（元$/m^2$）
植草沟	$30\sim200$（元$/m^2$）
人工土壤渗滤	$800\sim1200$（元$/m^2$）

2　小区雨水收集利用工程设计要点

2.1　屋面雨水蓄渗系统

屋面雨水蓄渗系统设施的设计计算要注意以下几点要求：

1. 对屋顶硬化面积指标的要求

依据《雨水控制与利用工程设计规范》（DB 11/685—2013）第 4.2.3 条，"新建工程硬化面积超过 2000m² 及以上时，应配建雨水蓄渗设施"。对于"居住区项目，硬化面积指屋顶硬化面积，按屋顶（不包括实现绿化的屋顶）的投影面积计，对于非居住项目，硬化面积包括建设用地范围内的屋顶、道路、广场、庭院等部分的硬化面积，具体计算方法为：硬化面积＝建设用地面积－绿地面积(包括实现绿化的屋顶)－透水铺装用地面积"。

2. 屋顶雨水蓄渗设施蓄积水量的计算

依据《建筑与小区雨水利用工程技术规范》（GB 50400—2006）第 6.3.4 条，雨水蓄渗设施的蓄积水量按规范公式（6.3.4），即式（2-1）计算：

$$W_p = \max(W_c - W_s) \tag{2-1}$$

式中　W_p——产流历时内的蓄积计量（m³），产流历时经计算确定，并不宜小于 120min。W_p（取（$W_c - W_s$）值的最大值，应列表多次计算经分析后确定；

　　　　W_c——渗透设施进水量（m³），由公式（2-2）计算；

　　　　W_s——渗透设施的渗透水量（m³），由公式（1-6）计算。

《建筑与小区雨水利用工程技术规范》（GB 50400—2006）第 6.3.5 条给出了 W_c 的计算公式：

$$W_c = 1.25\left[60 \times \frac{q_c}{1000} \times (F_y\psi_m + F_0)\right]t_c \tag{2-2}$$

式中　F_y——渗透设施受纳的集水面积（hm²）；

　　　　F_0——渗透设施的直接受水面积（hm²），埋地渗透设施为 0；

　　　　t_c——渗透设施产流历时（min），一般宜小于 120min；

　　　　q_c——渗透设施产流历时对应的暴雨强度 [L/(s·hm²)]。全国部分城镇的暴雨强度公式见附录 E。

W_c 的计算结果不宜大于公式（1-3）$W=10\psi_c h_y F$ 计算的日雨水设计径流总量（h_y 取 $P=2a$、24h 降雨量值），若大于该值，W_c 则取小者。

渗透水量 W_s 的计算采用公式（1-6）。

求解 W_p 推荐如下列表法计算：

步骤 1：以 10min 为间隔，列表计算 30、40……120min 的（$W_c - W_s$）值；

步骤 2：判断最大值发生的时间区间；

步骤 3：在最大值发生区间细分时间间隔计算（$W_c - W_s$）值，即可求出 $\max(W_c - W_s)$。

例 2-1 北京地区某小区有硬屋面 4600（m^2），需对屋面雨水收集后作地面渗透设施，试计算该雨水渗透设施所需的蓄积水量的容积。

解：（1）求雨水渗透设施进水量 W_c 的计算表达式

采用公式（2-2）：

$$W_c = 1.25\left[60 \times \frac{q_c}{1000} \times (F_y\psi_m + F_0)\right]t_c$$

式中 $F_y = 4600(m^2) = 0.46$（hm^2）、$\psi_m = 1$（硬屋面）、$F_0 = 0$。

查附录 E，对于北京地区：

$$q_c = \frac{2001(1 + 0.811\lg P)}{(t+8)^{0.711}}$$

将 $P=2a$ 代入上式得：

$$q_c = \frac{2489.6}{(t+8)^{0.711}}$$

再将上式代入公式（2-2）得：

$$W_c = 1.25\left[60 \times \frac{1}{1000} \times q_c \times (0.46 \times 1 + 0)\right]t_c$$

$$= 0.0345 t_c \cdot q_c$$

（2）求渗透水量 W_s 的计算表达式

采用公式（1-6）：

$$W_s = \alpha K J A_s t_s$$

式中 $\alpha = 0.55$、$J = 1$、$A_s = 4600$（m^2）；t_s 为渗透时间（s），t_s 的单位是 min，故 $t_s = 60t_c$；K 为土壤渗透系数，可查表 2-1 得到。本例小区为黄土土质，取 $K = 6 \times 10^{-6}$（m/s）。

各参数代入公式（1-6）得：

$$W_s = 0.55 \times 6 \times 10^{-6} \times 1 \times 4600 \times 60 t_s$$

$$= 0.911 t_s$$

表 2-1　土壤渗透系数表

土质	渗透系数 K		土质	渗透系数 K	
	m/d	m/s		m/d	m/s
黏土	<0.005	$<6\times10^{-8}$	细砂	1.0~5.0	$1\times10^{-5}\sim6\times10^{-5}$
粘质黏土	0.005~0.1	$1\times10^{-8}\sim6\times10^{-8}$	中砂	5.0~20.0	$6\times10^{-5}\sim2\times10^{-4}$
粘质黏土	0.1~0.5	$1\times10^{-6}\sim6\times10^{-6}$	均质中砂	35.0~50.0	$4\times10^{-4}\sim6\times10^{-4}$
黄土	0.25~0.5	$3\times10^{-6}\sim6\times10^{-6}$	粗砂	20.0~50.0	$2\times10^{-4}\sim6\times10^{-4}$
粉砂	0.5~1.0	$6\times10^{-6}\sim1\times10^{-5}$	均质粗砂	60.0~75.0	$7\times10^{-4}\sim8\times10^{-4}$

（3）渗透设施蓄积水量 W_p 的计算表达式

采用公式（2-1）：

$$W_p = \max(W_c - W_s)$$

将 W_c、W_s 的表达式代入公式（2-1）得：

$W_p = 0.0345t_c \cdot q_c - 0.911t_s$。

（4）屋面雨水设计径流总量 W 计算

W 采用公式（1-3）计算：

$$W = 10\psi_c h_y F$$

北京地区 h_y=81（mm），再将 ψ_c=0.9（硬屋顶）、F=0.46（hm²）代入式中得：

$W = 10\times0.9\times81\times0.46$

$\quad = 335.3(\text{m}^3)$。

W_c 的计算值应小于 335.3（m³）。

（5）用不同产流时间 $t_c(t_s)$ 代入，列表法计算 W_c、W_s 及 W_p，见表 2-2：

表 2-2　渗透设施蓄积水量计算表

时间 t_c（t_s）（min）	降雨强度 q_c[L/(s·hm²)]	渗透设施进水量 W_c（m³）	渗透水量 W_s（m³）	蓄积水量 W_p（m³）
60	123.9	256.5	54.6	201.9
80	103.2	284.8	72.8	212.0
100	89.2	307.7	91.0	216.7
120	79.1	317.5	109.2	218.3
140	71.3	335.3注	127.4	207.9
160	65.2	335.3	145.0	189.7

注：t_c=140min、160min 时 W_c 的计算值分别为 344.3m³ 与 359.9m³，均大于屋面日雨水设计
　　径流总量 W=335.3m³，故取其中小值，故为 335.3m³。

24

（6）渗透设施蓄积容量 W_p 的取值

从表2-2看出，当产流时间 t_c（t_s）从60min至160min的区间内变化时，所需雨水渗透系统蓄积容积 W_p 是缓慢上升的，大致在 t_c 取120min时，W_p 达到最大值218.3m³。

故取 $W_p = 218.3$（m³）合理。

3. 渗透管的选用

渗透管宜采用穿孔塑料管、无砂混凝土管或排疏管等，管径不应小于150mm，塑料管的开孔率不应小于1%～3%。渗透管的铺设坡度宜采用0.01～0.02。

塑料排水管的材质主要有硬聚氯乙烯（PVC-U）和聚乙烯（PE），结构型式有平壁管、双壁波纹管、缠绕结构壁管和加筋管。同一个规格（公称直径）不同材质的管材，其管道内径不同，故在满管流时同一管道坡度的情况下，管内流量是不同的，所能接纳的雨水受水面积也不同。

塑料排水管的满管流排水流量计算方法，采用公式

$$q_p = A \cdot v \qquad (2-3)$$

式中　q_p——排水管内流量，m³/s；

　　　A——管道断面面积，m²。满管流时，$A = \frac{\pi}{4} d_内^2$；$d_内$ 为塑料排水管

　　　　内径，m，$d_内 = \frac{\rho}{\pi}$；ρ 为湿周，满管流时 $\rho = \pi d_内$，m。

$$v = \frac{1}{n} R^{2/3} I^{1/2} \qquad (2-4)$$

式中　R——水力半径，m，$R = \frac{A}{\rho} = \frac{d_内}{4}$；

　　　n——粗糙系数，对塑料管 n 取0.009；

　　　I——排水管坡度，在雨水收集系统中，I 可取0.01；

　　　v——排水管内流速，m/s。

　　注：变量下角的变化代表不同的应用场合。

　　塑料管的开孔方法可参考表2-3的参数。

表2-3　渗透管（塑料管）的开孔参数

渗透管管径（mm）	开孔参数			
	孔径（mm）	圆周开孔数（个）	开孔行距（mm）	开孔率（%）
160	8	6	40	1.2
200	10	6	40	1.8

渗透管管径 (mm)	开孔参数			
	孔径（mm）	圆周开孔数（个）	开孔行距（mm）	开孔率（%）
250	10	8	40	2.0
300	12	8	40	2.4
350	12	8	40	2.06
400	12	8	40	1.8

4. 渗透检查井的间距

渗透检查井的间距应符合《建筑与小区雨水利用工程技术规范》（GB 50400—2006）第6.2.5条的规定，即渗透检查井的间距不应大于渗透管管径的150倍，且井底应设0.3m高的沉砂室。

5. 渗透管渠和渗透检查井的做法（图2-1）

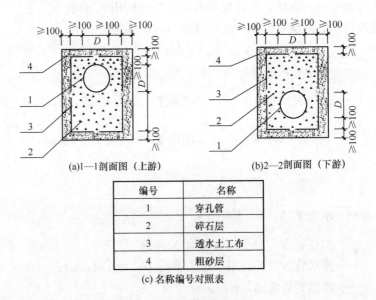

(a)1—1剖面图（上游）　　　　(b)2—2剖面图（下游）

编号	名称
1	穿孔管
2	碎石层
3	透水土工布
4	粗砂层

(c) 名称编号对照表

图2-1　渗透管做法（剖面）

渗透管渠的做法应满足《建筑与小区雨水利用工程技术规范》（GB 50400—2006）第6.2.5条和"2"第4.4.9条和第4.4.3条的要求，归纳起来有以下几条：

（1）当渗透管渠采用土壤入渗时，土壤的渗透系数宜大于10^{-6}m/s，且地下水位距渗透管渠下渗透面高差大于1.0m。

（2）渗透管渠的外边距建筑物基础不宜小于3.0m。

（3）渗透管宜采用穿孔塑料管、无砂混凝土管、聚乙烯丝绕管等材料制成。塑料管的开孔率为 1‰～3‰、无砂混凝土管的开孔率不应小于20％。

（4）渗透管的管径不应小于 150mm，检查井之间的渗透管敷设坡度宜采用 0.01～0.02。

（5）渗透管四周填充砾石或其他多孔材料，砾石或碎石层的粒径大致为 20～30mm。砾石（碎石）层外包土工布。土工布单位面积质量宜为 200～300g/m²，土工布搭接宽度不应少于 150mm。

（6）渗透管沟不宜设在行车路面下，设在行车路面下时覆土深度不应小于 0.7m。

渗透管渠的做法见图 2-2 所示。

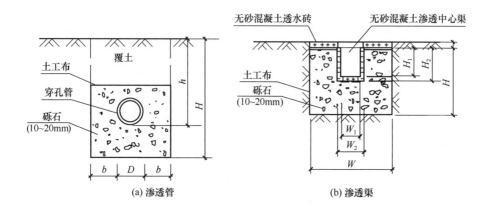

图 2-2　雨水渗透管与渗透渠断面做法

渗透检查井的做法见下列几条：

（1）成品渗透检查井为 PE 材质。井壁及井底均开孔，开孔率为 1‰～3‰。

（2）成品渗透检查井的规格有 φ600 和 φ800 两种。

（3）当不收集地面水而作为连接渗透管应用时，则把井箅换成井盖，井盖的外形尺寸与井箅相同。

（4）渗透检查井的有效储水容积为塑料井体在进水管以下部分的容积。

（5）渗透检查井的出水管的管内底高程应高于进水管管顶，但不应高于上游相邻井的出水管管底。

渗透检查井的做法见图 2-3 所示。

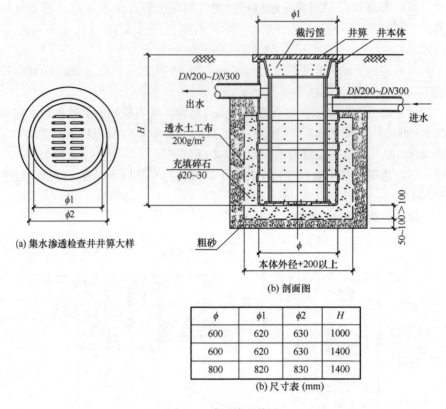

(a) 集水渗透检查井井箅大样

(b) 剖面图

ϕ	$\phi 1$	$\phi 2$	H
600	620	630	1000
600	620	630	1400
800	820	830	1400

(b) 尺寸表 (mm)

图 2-3　渗透检查井图

2.2　小区道路雨水蓄渗系统

在小区道路雨水蓄渗系统的设计计算要注意以下几点要求：

（1）小区道路透水铺装对硬化面积的指标要求

与硬屋面一样，依据《雨水控制与利用工程设计规范》（DB 11/685—2013）第 4.2.3 条，"新建工程硬化面积超过 2000m² 及以上时，应配建雨水蓄渗设施"，对于"非居住项目，硬化面积包括建设用地范围内的屋顶、道路、广场、庭院等部分的硬化面积，具体计算方法为：硬化面积＝建设用地面积－绿地面积（包括实现绿化的屋顶）－透水铺装用地面积"。对于居住项目，除硬屋面以外的道路、广场、庭院等部分没有配建雨水蓄渗设施的指标要求。

"雨水调蓄设施包括：雨水调节池、具有调蓄空间的景观水体、降雨前能及时排空的雨水收集池、洼地以及入渗设施，不包括仅低于周边地坪50mm的下凹式绿地"。

（2）对需要做透水铺装的小区道路、广场等硬化地面的透水铺装比例要求

依据《雨水控制与利用工程设计规范》（DB 11/685—2013）第4.2.3条的规定："公共停车场、人行道、步行街、自行车道和休闲广场、室外庭院的透水铺装率不小于70％。"

（3）透水铺装地面的做法规定

1）有关规范、规程、标准对透水铺装地面的规定与要求

①《建筑与小区雨水利用工程技术规范》（GB 50400—2006）6.2.2条透水铺装地面应符合下列要求：

a. 透水铺装地面应设透水面层、找平层和透水垫层。透水面层可采用透水混凝土、透水面砖、草坪砖等；

b. 透水地面面层的渗透系数均应大于 1×10^{-4} m/s，找平层和垫层的渗透系数必须大于面层。透水地面设施的蓄水能力不宜低于重现期为2年的60min降雨量；

c. 面层厚度宜根据不同材料、使用场地确定，孔隙率不宜小于20％；找平层厚度宜为20～50mm；透水垫层厚度不宜小于150mm，孔隙率不应小于30％。

②《雨水控制与利用工程设计规范》（DB 11/685—2013）4.4.4条

透水铺装地面设计降雨量应不小于45mm，降雨持降时间为60min，透水铺装地面结构应符合《透水砖路面技术规程》（CJJ/T 188）、《透水砖铺装施工与验收规程》（DB11/T 686）的相关规定，并满足下列要求：

a. 透水铺装地面宜在土基上建造，自上而下设置透水面层、透水找平层、透水基层和透水底基层；当透水铺装设置在地下室顶板上时，其覆土厚度不应小于600mm，并应增设排水层；

b. 透水面层应满足下列要求：渗透系数应大于 1×10^{-4} m/s，可采用透水面砖、透水混凝土、草坪砖等，当采用可种植植物的面层时，宜在下面垫层中混合一定比例的营养土。透水面砖的孔隙率应不小于8％，透水混凝土的有效孔隙率应不小于10％。当面层采用透水面砖时，其抗压强度、抗折强度、抗磨长度等应符合《透水砖》（JC/T 945—2005）中的相关规定；

c. 透水找平层应满足下列要求：渗透系数不小于面层，宜采用细石透水混凝土、干砂、碎石或石屑等。有效孔隙率应不小于面层。厚度宜为20～50mm；

29

d. 透水基层和透水底基层应满足下列要求：渗透系数应大于面层，底基层宜采用级配碎石、中、粗砂或天然级配砂砾料等，基层宜采用级配碎石或透水混凝土。透水混凝土的有效孔隙率应大于 10%，砂砾料和砾石的有效孔隙率应大于 20%。垫层的厚度不宜小于 150mm。

DB11/685 第 5.4.12 条　透水铺装路面宜采用透水水泥混凝土路面、透水沥青路面、透水砖路面。

DB11/685 第 5.4.13 条　透水水泥混凝土路面适用于新建城镇轻荷载道路、园林中轻荷载道路、广场和停车场等；透水沥青路面适用于各等级道路；透水砖路面适用于人行步道、广场、停车场、步行街等。

DB11/685 第 5.4.14 条　具备透水地质要求的新建（含改、扩建）人行步道、城市广场、步行街、自行车道应采用透水铺装路面、且透水铺装率不应小于 70%。

DB11/685 第 5.4.15 条　人行道、自行车道、步行街、城市广场、停车场等轻型荷载路面的透水铺装应满足小时降雨量 45mm 表面不产生径流的标准。

DB11/685 第 5.4.18 条　透水铺装路面横坡宜采用 1.0%～1.5%。

DB11/685 第 5.4.19 条　透水铺装路面结构应满足《透水水泥混凝土路面技术规程》（CJJ/T 135）、《透水沥青路面技术规程》（CJJ/T 190）、《透水砖路面技术规程》（CJJ/T 188）、《透水砖铺装施工与验收规程》（DB11/T 686）的相关规定。

③《透水砖路面技术规程》（CJJ/T 188—2012）5.1.2 条

轻型荷载透水砖路面应符合下列要求：

设计轻型荷载的透水砖路面可采用汽车标准轴载 BZZ40[注]、机动车交通量不大于 200veh/d 的标准；普通人行道（无停车）可采用 5kN/m² 的荷载标准。

注：5.1.2 条中"BZZ40"意为双轮组单轴载 40kN、"200veh/d"意为 200 车/天。

5.1.6 条　透水路面结构层的厚度应按下式要求进行透水、储水能力验算。

$$H_a = (i - 36 \times 10^4)t/v \qquad (2-5)$$

式中　H_a——透水路面结构厚度（不包括垫层的厚度），mm；

　　　i——地区设计降雨强度，mm/h；

　　　t——降雨持续时间，s；

　　　v——透水路面结构层的平均有效孔隙率，%。

5.2.1 条　透水砖的强度等级应通过设计确定，可根据不同的道路类型按表 2-4 选用：

表 2-4 透水砖强度等级

道路类型	抗压强（MPa）		抗折强度（MPa）	
	平均值	单块最小值	平均值	单块最小值
小区道路（支路）、广场、停车场	≥50.0	≥42.0	≥6.0	≥5.0
人行道、步行街	≥40.0	≥35.0	≥5.0	≥4.2

5.3.2 条规定：找平层可采用中砂、粗砂或干硬性水泥砂浆、厚度宜为 20～30mm。

5.4.1 条规定：基层类型可包括刚性基层、半刚性基层和柔性基层，可根据地区资源差异选择透水粒料基层、透水水泥混凝土基层、水泥稳定碎石基层等类型，并应具有足够的强度、透水性和水稳定性。连续孔隙率不应小于 10%。

注：刚性基层是指用混凝土、贫混凝土、钢筋混凝土材料做的基层。半钢性基层是指用无机结合料稳定粒料的材料铺筑一定厚度的基层。柔性基层是指用热拌或冷拌沥青混合料、沥青贯入碎石以及不加任何结合料的粒料类等材料铺筑的基层，包括级配碎石、级配砾石、天然级配砂砾、部分砾石经轧制掺配而成的级配碎、砾石、填隙碎石等材料结构层。

④《透水水泥混凝土路面技术规程》（CJJ/T 135—2009）3.2.1 条用作透水铺装的透水水泥混凝土性能见表 2-5。

表 2-5 透水水泥混凝土主要性能

项目	计量单位	性能要求	
透水系数（15℃）	mm/s	≥0.5	
连续孔隙率	%	≥10	
强度等级	—	C20	C30
抗压强度	MPa	≥20.0	≥30.0
弯拉强度	MPa	≥2.5	≥3.5

4.1.4 条 透水水泥混凝土路面基层横坡度宜为 1%～2%，面层横坡度应与基层坡度相同。

4.1.5 条 透水水泥混凝土路面的结构类型应按表 2-6 选用：

表 2-6　透水水泥混凝土路面结构

类别	适用范围	基层与垫层结构
全透水结构	人行道、非机动车道、景观硬地、停车场、广场	多孔隙水泥稳定碎石、级配砂砾、级配碎石及级配砾石基层
半透水结构	轻型荷载道路	水泥混凝土基层＋稳定土基层或石灰、粉煤灰稳定砂砾基层

4.3.2条　全透水结构设计时应考虑路面下排水，路面下的排水可设排水盲沟，排水盲沟应与道路设计时的市政排水系统相连，雨水口与基层、面层结合处应设置成透水形式，利于基层过量水分向雨水口汇集，雨水口周围应设置宽度不小于1m的不透水土工布于路基表面。

⑤《透水沥青路面技术规程》（CJJ/T 190—2012）4.3.2条

用作透水沥青路面的透水沥青混合料性能见表２７。

表 2-7　透水沥青混合料主要性能

项目	单位	性能要求
空隙率	%	18～25
连通空隙率	%	14
渗透系数	mL/15s	800

4.2.2条　条文说明　叙述Ⅰ型、Ⅱ型、Ⅲ型透水沥青路面的结构区别与不同功能：

透水沥青路面适用于新建、扩建、改建的道路工程、市政工程、广场、停车场、人行道等。

其中透水沥青路面Ⅰ型仅路面表面沥青层作为透水功能层，沥青表面层下设封层，雨水通过沥青表面层内部水平横向排出，见图 2-4。其主要功能是排除路面积水、降低噪声、提高路面抗滑性和行车安全性能。

透水沥青路面Ⅱ型是沥青面层和基层均具有透水能力，

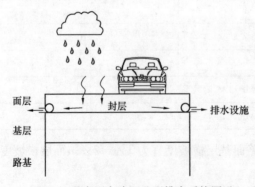

图 2-4　透水沥青路面Ⅰ型排水系统图示

雨水降落到路面后，渗入路面
直至基层、在基层底部横向排
出，见图 2-5，透水沥青路面 II
型除了具备 I 型所具备的功能
外，还具有路面储水功能，减
少地面径流量，减轻暴雨时城
市排水系统的负担等功能。

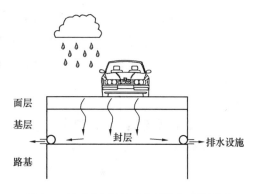

图 2-5　透水沥青路面 II 型排水系统图示

透水沥青路面 III 型是整个
路面结构即面层、基层和垫层
都具有良好的透水性能，雨水
在降雨结束后的一定时间内，通过路面结构渗入土基，见图 2-6。透水沥青
路面 III 型除了具备透水沥青路面 I 型和 II 型的功能外，另一个重要的特点是
补充城市地下水资源，改善道路周边的水平衡和生态条件，提供良好的人居
环境。

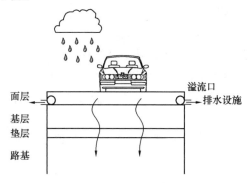

图 2-6　透水沥青路面 III 型排水系统图示

4.5.1 条，III 型透水路面的
垫层可采用粗砂、砂砾、碎石
等透水性好的粒料类材料，且
应符合《城镇道路路面设计规
范》（CJJ 169）的规定。

4.5.2 条，垫层厚度不宜小
于 15cm，重冰冻地区潮湿、过
湿路段可适当增厚。

4.2.4 条，条文说明，透水
沥青路面 II 型和 III 型的结构厚
度推荐值可见表 2-8：

表 2-8　不同暴雨强度下透水结构层推荐厚度

暴雨强度（mm/min）	透水结构层推荐最小厚度（mm）
$q \leqslant 0.3$	15
$0.3 < q \leqslant 0.6$	30
$0.6 < q \leqslant 0.9$	45
$0.9 < q$	60

注：1. 暴雨强度计算参数按 $P = 10$，降雨历时 60min。

2. 对于 II 型路面结构，表中厚度为透水面层加透水基层；对于 III 型路面结构，表中厚度为
　面层、基层和垫层和总厚度。

⑥《砂基透水砖工程施工及验收规程》CECS 244：2008：

3.1.1条，垫层材料宜采用透水性能较好的中砂或粗砂。

3.2.1条，基层应选用具有足够强度、透水性能良好、水稳定性好的材料，宜采用级配碎石或透水混凝土。

3.3.5条，粘结找平层的透水系数应达到 $2.0×10^{-2}$ cm/s。

3.4.1条，砂基透水砖应符合下列规定：

① 砂基透水砖尺寸规格（表2-9）

表2-9 砂基透水砖规格尺寸

边长（mm）	100、150、200、250、300、400、400、600
厚度（mm）	40、45、50、60、65、80、100

② 透水性能

透水系数（15℃）$≥1.5×10^{-2}$ cm/s，并符合如下规定：

4.1.3条 砂基透水砖工程设计应满足当地5年一遇的暴雨强度、持续降雨60min，砖表面不产生径流的标准。

4.1.5条 砂基透水砖工程横坡度不宜小于1.0%。

4.2.4条 基层可由级配碎石、透水混凝土或其组合结构组成。透水混凝土的有效孔隙率不应小于15%，渗透系数不应小于 $2.5×10^{-2}$ cm/s。

4.2.5条 在基层之上应现场铺垫适宜厚度的粘结透水找平层。找平层的透水系数不应小于 $2.0×10^{-2}$ cm/s（水温15℃）。

4.2.1条 条文说明，砂基透水砖路面的基本铺装结构为面层、找平层、基层、土基层四层、各层的功能见表2-10：

表2-10 透水人行道路面结构功能

结构层	功　能	备　注
面层	直接承受荷载、透水、贮水、耐磨、防滑	—
找平层	透水、施工找平、连接面层与基层	—
基层	主要承受荷载、透水、贮水	—
垫层	防止渗入路床的水或地下因毛细现象上升，缓解含水土基冻胀对路面结构整体稳定的影响	当土基为透水性能较好的砂性土或底基层材料为级配碎石时，可不设置垫层

4.2.2条 条文说明 渗入道路内的雨水，主要有三个去向：入渗、横流和蒸发。

4.2.3条 条文说明，设置垫层主要目的是防止土基中细粒土的反渗，常采用中砂或粗砂垫层，厚度40～50mm。

2）透水铺装地面的结构要求

透水铺装地面应符合下列要求：

① 透水铺装地面应设透水面层、找平层和透水垫层。透水面层可采用透水混凝土、透水面砖、草坪砖等。

② 透水地面面层的渗透系数均应大于1×10^{-4}m/s，找平层和垫层的渗透系数必须大于面层。透水地面设施的蓄水能力不宜低于重现期为2年的60min降雨量。

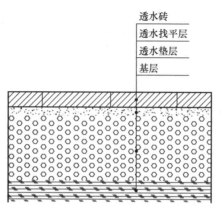

图2-7 透水铺装地面结构示意图

③ 面层厚度宜根据不同材料、使用场地确定，孔隙率不宜小于20%；找平层厚度宜为20～50mm；透水垫层厚度不小于150mm，孔隙率不应小于30%。

④ 铺装地面应满足相应的承载力要求，北方寒冷地区还应满足抗冻要求。

图2-7为透水铺装地面结构示意图。

根据垫层材料的不同，透水地面的结构分为3层（表2-11），应根据地面的功能、地基基础、投资规模等因素综合考虑进行选择。

表2-11 透水铺装地面的结构形式

编号	垫层结构	找平层	面层	适用范围
1	100～300mm透水混凝土	1）细石透水混凝土	透水性水泥混凝土	人行道、轻交通流量路面、停车场
2	150～300mm砂砾料	2）干硬性砂浆	透水性沥青混凝土	
3	100～200mm砂砾料＋50～100mm透水混凝土	3）粗砂、细石厚度20～50mm	透水性混凝土路面砖 透水性陶瓷路面砖	

透水铺装地面按结构分类如下：

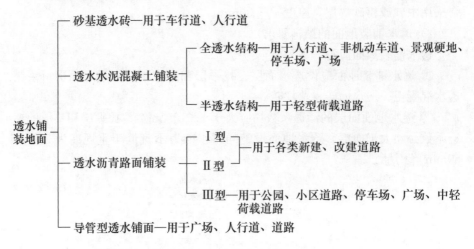

（4）小区道路雨水蓄渗设施对蓄积水量的要求

小区道路雨水蓄渗设施蓄积水量的计算可参见前述的内容。

依据《建筑与小区雨水利用工程技术规范》（GB 50400—2006）第7.1.3条，"收集回用系统应设置雨水储存设施。雨水储存设施的有效储水容积不宜小于集水面重现1～2年的日雨水设计径流总量扣除设计初期经流弃流量。"对于北京地区来说，可采用45～81mm的降雨扣除初期径流弃流量。

雨水储存设施可选用雨水储存池（如室外埋地式塑料模块蓄水池、硅砂砌块水池、混凝土水池等）、地下渗透设施的碎石基层、雨水渗透井、低洼绿地或景观水体等。

（5）蓄渗设施渗透管的选用

目前，室外埋地塑料排水管主要采用PE（聚乙烯）材质的双壁波纹管（有外径系列、内径系列）、缠绕结构壁管，PVC-V（聚氯乙烯）材质的平壁管、双壁波纹管和加筋管等品种。

依据《建筑与小区雨水利用工程技术规范》（GB 50400—2006）第6.2.6条和第6.2.2条，当渗透管是收集和排除地面雨水时，"渗透管的管径和敷设坡度应满足地面雨水排放流量的要求，且管径不小于200mm。"而当渗透管是排除透水铺装地面下基层内的雨水时，其排水能力不宜小于重现期为2年的60min降雨量，渗透管的管径不应小于150mm。

渗透管的排水流量计算可参见前述内容。

应该指出，可做渗透管的塑料管国内品种和尺寸系列很多，同一个规格（公称直径）不同品种和材质的塑料管其内径往往不同，在塑料管的流量计算时，一定要注意。国内不同材质、品种和尺寸系列塑料管在第 3 章中介绍。

（6）渗透管渠和渗透检查井的做法

渗透管渠和渗透检查井的做法参见第 3 章的内容。

（7）渗透检查井的间距

依据《建筑与小区雨水利用工程技术规范》（GB 50400—2006）第 6.2.5 条规定：

"渗透检查井的间距不应大于渗透管管径的 150 倍。"

例 2-2 北京市某森林公园内有一个小型休闲广场（面积 144.4m²），连着观光步行道（长为 151m，宽为 2.5m）。需要在广场和步行道整个受水面积上做一个示范性雨水渗透收集系统，平面布置见图 2-8。地形是休闲广场略高，步行道尽头略低。雨水宜收集在步行道末端的混凝土储水池内。

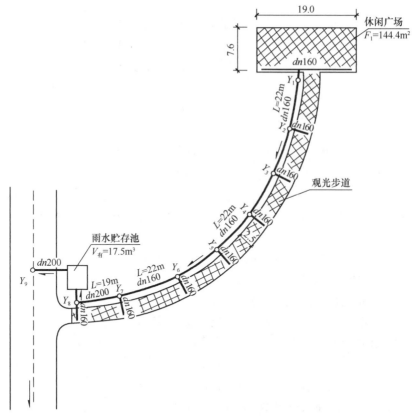

图 2-8　某公园广场与观光步道雨水渗透收集系统平面图

试根据有关规范、规程要求，计算选用雨水渗透收集设施。

解：（1）雨水渗透收集设施选用

结合休闲广场与观光步行道的平面布置，作雨水渗透收集设施的平面图如图2-8所示。其中Y_1至Y_8为雨水收集井，每个雨水收集井都连接一根通往雨水渗透收集层的渗透管，观光步行道表面敷有导管型透水铺面，其下铺设50mm厚中、粗砂找平层，再往下是由碎石层组成的透水基层，基层下面为原土层。基层中间设由$dn160$至$dn200$PVC-U塑料平壁管打孔而成的塑料管，在基层外面用单位面积质量为$200\sim300\text{g/m}^2$的透水土工布包裹。含渗透管的渗透层的剖面如图2-9所示。

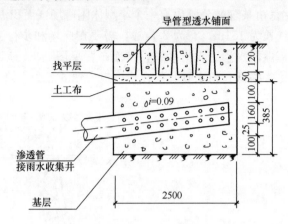

图2-9　导管型透水铺面剖面图

（2）广场、步行道透水铺装表面的选用

广场、步行道表面选用导管型透水铺装，见第3章介绍。该铺装技术是将塑料导管网架植入混凝土内，导管的深度与间距一致。利用导管将铺装表面与下面的找平层和碎石基层连通，形成雨水下渗通道和地面下空气向地面交换循环的通道，起到渗透地面生态导水导气作用。

该透水铺装的渗透系数满足大于$1\times10^{-4}\text{m/s}$的要求。

（3）渗透设施渗透能力的校核

1）广场、步行道受水面的雨水径流总量W

雨水径流总量采用公式（1-5）计算：

$$W = 10h_yF$$

式中　W——广场、步行道受水面的雨水径流总量（m^3）；

　　　h_y——对北京来说可取$h_y=81$（mm）；

　　　F——受水面面积（m^2）。$F=144.4+2.5\times151=521.9$（$\text{m}^2$）。

代入公式得：

$$W=10\times81\times0.05219=42.27\ (\text{m}^3)。$$

2）受水面的外排雨水径流量 W_g

外排雨水径流量采用公式（1-3）计算：

$$W_q = 10\psi_c h_y F$$

式中，ψ_c 为雨水量径流系数，一般取值范围 $0.08 \sim 0.45$，本例中取 $\psi_c = 0.20$。

代入公式得：

$W_q = 10 \times 0.20 \times 81 \times 0.05219 = 8.45$（$m^3$）

3）需通过渗透设施下渗的雨水量 W_s

$W_s = W - W_q = 42.27 - 8.45 = 33.82$（$m^3$）

4）渗透设施的实际渗透能力 W_s'

渗透能力 W_s' 的计算可采用公式（1-6）：

$$W_s' = \alpha K J A_s t_s$$

式中，$\alpha = 0.6$，$K = 5 \times 10^{-6}$（m/s）（土壤为黄土），$J = 1$，$t_s = 24 \times 3600$（s），A_s 为渗透设施的渗透表面积（m^2）。它应为透水地表下碎石基层两侧与下面表面积之和，参考图 2-8、图 2-9，A_s 计算如下：

$A_s = (19.0 \times 2 + 7.6 \times 2 - 2.5) \times 0.385 + 19.0 \times 7.6$
$\qquad + (151 \times 2 + 2.5) \times 0.385 + 151 \times 2.5$
$\quad = 658.65(m^2)$

代入公式得：

$W_s' = 0.6 \times 5 \times 10^{-6} \times 1 \times 658.65 \times 24 \times 3600 = 170.72$（$m^3$）。

由于 $W_s' > W_s$，渗透设施的渗透雨水能力满足要求。

（4）渗透设施蓄积水量的校核

1）求雨水渗透设施进水量 W_c 的计算表达式

采用公式（2-2）：

$$W_c = 1.25 \times \left[60 \times \frac{q_c}{1000} \times (F_y\psi_m + F_0) \right] t_c$$

式中，$F_y = 0.05219$（hm^2），$\psi_m = 0.20$（透水铺装地面），$F_0 = 0$。

北京地区暴雨强度公式为：

$$q_c = \frac{2001 \times (1 + 0.811 \lg p)}{(t + 8)^{0.711}}$$

将 $p = 2a$ 代入上式（2-2）得：

$$q_c = \frac{2489.6}{(t + 8)^{0.711}}$$

再将上式一起代入公式（2-2）得：

$$W_c = 1.25 \times \left[60 \times \frac{1}{1000} \times q_c \times (0.05219 \times 0.20 + 0)\right] t_c = 0.000783 t_c \cdot q_c。$$

2）求渗透水量 W_s 的计算表达式：

采用公式（1-6）

$$W_s = \alpha K J A_s t_s$$

将各参数代入公式得：

$$W_s = 0.6 \times 5 \times 10^{-6} \times 1 \times 658.65 \times 60 t_s = 0.1186 t_s。$$

3）渗透设施蓄积水量 W_p 的计算表达式：

采用公式（2-1）：

$W_p = \max(W_c - W_s) = 0.000783 t_c q_c - 0.1186 t_s。$

4）广场、步行道雨水设计径流总量 W：

由前面计算得 $W = 42.27$（m³）。

5）用不同产流时间 t_c（t_s）代入，列表法计算 W_c、W_s 及 W_p，见表 2-12。

表 2-12　渗透设施储水量计算表

降雨历时 t_s(min)	降雨强度 q_c(L/s·hm²)	渗透设施进水量 W_c(m³)	渗透设施渗水量 W_s(m³)	渗透设施积水量 W_p(m³)
60	123.94	23.29	7.12	16.17
80	103.18	25.85	9.49	16.36
100	89.20	27.93	11.86	16.07
120	79.05	29.70	14.23	15.47
140	71.30	31.26	16.60	14.66

从表 2-12 看出，随着降雨历时的增加，累积水量在增加，在 80min 达到最大，为 16.36m³，此时，储水池的容积应为：

$$V_c \geqslant \max(W_c - W_s) = 16.36\text{m}^3。$$

6）选择雨水储水池尺寸：

储水池有效容积可取 17.5m³，长 3.5m×宽 2.5m×深 2.5m（水深 2.0m）。溢流水深可取 2.10m。

（5）雨水收集管的水力计算

雨水收集井 $Y_1 \sim Y_8$ 及进储水池的雨水收集管采用 $dn160$ 至 $dn200$ PVC-U 平壁管，查表 2-23，$dn160$ 管的内径为 155.4mm，$dn200$ 管的内径

为 194.4mm。

雨水收集管核算采用的水力计算公式如下：

依据《建筑与小区雨水利用工程技术规范》（GB 50400—2006），地表雨水径流量的计算公式为：

$$Q = \psi_m q_c F_i \tag{2-6}$$

式中　Q——受水面地面径流形成的径流流量（L/s）；

　　　ψ_m——流量径流系数。查表 1-1，透水铺装地面可取 $\psi_m = 0.20$；

　　　q_c——设计暴雨强度[L/(s·hm²)]。将 $p = 2a$、$t = 60min$ 代入北京地区暴雨强度公式得 $q_c = 123.94L/$（s·hm²）；

　　　F_i——各雨水收集雨井雨水受水面积（hm²）。

雨水渗入地下应排除的雨水流量为：

$$Q_{si} = (1 - \psi_m) q_c F_i$$

将各参数代入上式后得：

$Q_{si} = (1 - 0.20) \times 123.94 F_i = 99.15 F_i$

各管段雨水管的流量采用公式（2-3）计算：

$$q_p = A v_i$$

式中　q_p——雨水管通过的雨水流量（m³/s）；

　　　A——雨水管过水断面积（m²），$A = \frac{\pi}{4} d_{内}^2$；

　　　$d_{内}$——塑料雨水管的内径（m），查表 2-23，PVC-U 平壁管 $dn160$ $d_{内} = 155.4mm$；$dn200$ $d_{内} = 194.4mm$；

　　　v_i——雨水管内流速（m/s）。它可用公式（2-4）计算：

$$v_i = \frac{1}{n} R^{2/3} I^{1/2}$$

$$I = \frac{n^2 v_i^2}{R^{4/3}}$$

式中　n——塑料管内表面粗糙系数。可取 $n = 0.009$；

　　　R——水力半径（m）。满管流时 $R = \frac{1}{4} d_{内}$；

　　　I——管道坡度。

将各参数代入上述各公式，计算结果填入表 2-13。

表 2-13 雨水收集管的水力计算

管段编号	雨水受水面积 F_1（hm^2）	设计雨水流量 Q_{si}（L/s）	雨水管管径和截面积 A（m^2）	雨水管内流速 v_i（m/s）	雨水管要求坡度 I
Y_1-Y_2	144.4	1.50		0.079	0.001
Y_2-Y_3	199.4	2.07		0.109	0.001
Y_3-Y_4	254.4	2.64	$dn160$	0.139	0.001
Y_4-Y_5	309.4	3.22	$A=0.01896$	0.170	0.001
Y_5-Y_6	364.4	3.79		0.200	0.001
Y_6-Y_7	419.4	4.36		0.230	0.001
Y_7-Y_8	474.4	4.93	$dn200$	0.167	0.001
Y_8-水池	521.9	5.43	$A=0.02967$	0.183	0.001

雨水管的最小计算坡度较小，参考到渗透雨水洁净程度对雨水管沉积的影响，以实际选用 0.003~0.005 或更大坡度为好。

结合现场地形图，可确定雨水渗透管以及雨水收集井的埋深。雨水储水池设溢水管排入园区已有的雨水检查井 Y_9。

2.3 屋面雨水收集回用系统

屋面雨水收集回用系统的设计计算要注意以下几点要求：

1. 雨水收集回用水水源的正确选用

《建筑与小区雨水利用工程技术规范》（GB 50400—2006）第 7.1.1 条规定："雨水收集回用系统应优先收集屋面雨水，不宜收集机动车道路与污染严重的下垫面上的雨水。"

《雨水控制与利用工程设计规范》（DB 11/685—2013）第 4.5.1 条规定："雨水收集利用系统的汇水面选择应遵循下列原则：

（1）尽量选择污染较轻的屋面、广场、硬化地面、人行道、绿化屋面等汇流面，对雨水进行收集；

（2）厕所、垃圾堆、工业污染地等污染场所雨水不应收集回用；

（3）当不同汇流面的雨水径流水质差异较大时，应分别收集与储存。"

2. 收集回用系统回用水量与雨水集水面日雨水径流总量的关系

《建筑与小区雨水利用工程技术规范》（GB 50400—2006）第 7.1.2 条规定："雨水收集回用系统设计应进行水量平衡计算，且满足如下要求：

（1）回用系统的最高日设计用水量不宜小于集水面日雨水设计径流总量

的 40%；

（2）雨水量足以满足需用量的地区或项目，集水面最高月雨水设计径流量不宜小于回用管网该月用水量。"

《雨水控制与利用工程设计规范》（DB 11/685—2013）第 3.2.10 条规定："雨水收集回用系统规模应进行水量平衡，且满足以下要求：

（1）雨水可回用量宜按雨水径流总量的 90%计算，并应扣除初期弃流量；

（2）回用系统的最高日设计用水量不宜小于集水面雨水径流总量的 40%。"

3. 雨水集水面日雨水径流总量的计算

《建筑与小区雨水利用工程技术规范》（GB 50400—2006）第 7.1.2 条第 1 款，计算"雨水设计径流总量⋯⋯降雨重现期宜取 1～2 年。"

第 4.2.1 条第一款规定，"雨水设计径流总量应按式（1-3）计算：

$$W = 10\psi_c h_y F$$

式中　W——雨水设计径流总量（m^3）；

　　　ψ_c——雨量径流系数；

　　　h_y——设计降雨厚度（mm）；

　　　F——汇水面积（hm^2）。"

4. 雨水回用系统回用水量的计算

雨水回用系统的供给对象如下：

雨水回用水供给
├─ 生活冲厕用水
├─ 绿化灌溉用水
├─ 道路广场浇洒用水
├─ 汽车冲洗用水
├─ 建筑物空调循环冷却水系统补水
├─ 景观水体补水
└─ 雨水处理设施自用水

（1）生活冲厕用水

依据《建筑与小区雨水利用工程技术规范》（50400—2006）第 3.2.3 条和《雨水控制与利用工程设计规范》DB 11/685—2013 第 3.2.9 条，雨水用于冲厕的用水量按照《建筑给水排水设计规范》（GB 50015）和《建筑中水设计规范》(GB 50336) 中的用水定额及用水百分率计算确定。见表 2-14。

表 2-14　各类建筑物生活用水定额及冲厕用水占日用水定额的百分率

名　称		单位	最高日用水定额（L）	冲厕用水占用水定额的百分率（%）
普通住宅	Ⅰ　有大便器、洗涤盆	每人每日	85～150	21
	Ⅱ　有大便器、洗脸盆、洗涤盆、洗衣机、热水器和沐浴设备	每人每日	130～300	
	Ⅲ　有大便器、洗脸盆、洗涤盆、洗衣机、集中热水供应（或家用热水机组）和沐浴设备	每人每日	180～320	
招待所、培训中心、普通旅馆　设公用盥洗室　设公用盥洗室、淋浴室　设公用盥洗室、淋浴室、洗衣室　设单独卫生间、公用洗衣室		每人每日	50～100　80～130　100～150　120～200	10～14
宾馆客房　旅客　员工		每床位每日　每人每日	250～400　80～100	10～14
公共浴室　淋浴　浴盆、淋浴　桑拿浴（淋浴、按摩池）		每顾客每次	100　120～150　150～200	2～5
餐饮业　中餐酒楼　快餐店、职工及学生食堂　酒吧、咖啡馆、茶座、卡拉 OK 房		每顾客每次	40～60　20～25　5～15	5～6.7
办公楼		每人每班	30～50	60～66
教学、实验楼　中小学校　高等院校		每学生每日	20～40　40～50	60～66

（2）绿化灌溉用水

依据《雨水控制与利用工程设计规范》(DB 11/685—2013) 第 3.2.5 条，"绿化灌溉最高日用水定额……当无相关资料时，可按 1.0～3.0L/(m² · d)

44

计"，在灌溉定额中的 m^2 是指需绿化灌溉的土地面积。

（3）道路广场浇洒用水

依据《雨水控制与利用工程设计规范》（DB 11/685—2013）第 3.2.6 条，"道路广场浇洒用水定额根据路面性质按表 2-15 取值：

表 2-15　浇洒道路用水定额（L/m^2·次）

路面性质	用水定额	路面性质	用水定额
碎石路面	0.40～0.70	水泥或沥青路面	0.20～0.50
土路面	1.00～1.50		

注：广场及庭院浇洒用水定额可按下垫面类型参照本表选用。

道路及广场浇洒用最高日用水定额可按 2.0～3.0L/(m^2·d) 计。"

（4）汽车冲洗用水

依据《雨水控制与利用工程设计规范》（DB 11/685—2013）第 3.2.7 条，"汽车冲洗用水定额，应根据车辆用途、道路路面等级以及采取的冲洗方式，按表 2-16 确定。"

表 2-16　汽车冲洗用水量定额（L/辆·次）

冲洗方式	高压水枪冲洗	循环用水冲洗	抹车、微水冲洗	蒸汽冲洗
轿车	40～60	20～30	10～15	3～5
公共汽车载重汽车	80～120	40～60	15～30	—

（5）建筑物空调循环冷却水补水

依据《雨水控制与利用工程设计规范》（DB 11/685—2013）第 3.2.8 条，"建筑物空调循环冷却水补水量应根据气象条件、冷却塔形式确定，一般可按循环水量的 1.0%～2.0% 计算。"

（6）景观水体的补水

景观水体的补水应包括景观水面蒸发量、水体渗漏量以及雨水处理设施自用水量。具体计算方法和公式可见《雨水控制与利用工程设计规范》（DB 11/685—2013）第 3.2.4 条。

（7）雨水处理设施自用水量

依据《雨水控制与利用工程设计规范》（DB 11/685—2013）第 3.2.4 条，"雨水处理系统采用物化及生化处理设施时自用水量为总处理水量的 5%～10%，当采用自然净化方法处理时不计算自用水量。"

5. 雨水回用系统回用水量的核算

若以 W 表示集水面日雨水设计总量，Q_d 表示雨水最高日设计回用水量，按照本书 2.3 节 2. 的内容，宜满足如下关系：

$$W \cdot 40\% \leqslant Q_d \leqslant W \cdot 90\%$$

W 值应扣除雨水系统初期弃流量。

6. 水量平衡图

雨水回用系统应进行水量平衡工作。

依据《建筑与小区雨水利用工程技术规范》（GB 50400—2006）第 7.1.2 条，"雨水收集回用系统设计应进行水量平衡计算。"

依据《雨水控制与利用工程设计规范》（DB 11/685—2013）第 3.2.3 条，"水量平衡分析应根据雨水控制与利用目标确定，并满足以下要求：雨水收集回用时，水量平衡分析应包括雨水来水量、初期雨水弃流量、回用水量、补充水量和排放量。"

水量平衡图一般用方框图表示，如图 1-18 所示。

7. 雨水处理工艺的选用

（1）处理总体工艺的选用

依据《建筑与小区雨水利用工程技术规范》（GB 50400—2006）第 8.1.2 条，"收集回用系统处理工艺可采用物理法、化学法或多种工艺组合等。"

依据《雨水控制与利用工程设计规范》（DB 11/685—2013）第 4.8.1 条，"雨水收集回用系统应设置水质净化设施，净化设施应根据出水水质要求，经过经济技术比较后确定。回用于景观水体时宜选用生态处理设施；回用于一般用途时，可采用过滤、沉淀、消毒等设施；当出水水质要求较高时，也可采用混凝、深度过滤等处理设施。"

依据国家建筑标准设计图集《雨水综合利用》（10SS705）总说明，"雨水的水质处理有多种形式，一般有：絮凝过滤、普通过滤、快速过滤等。当用户对水质要求非常高时，可在过滤处理后增加深度处理。雨水污染物的可生化性很低，不宜采用生化处理设备。"

（2）对具体处理设施的几点要求

① 前处理设施

依据《雨水控制与利用工程设计规范》（DB 11/685—2013）第 4.8.2 条，"雨水净化设施前处理应符合下列要求：

雨水储存设施进水口前应设置拦污格栅设施；

利用天然绿地、屋面、广场等汇流面收集雨水时，应在收集池进口前设置沉泥井。"

② 关于雨水蓄水池

依据《建筑与小区雨水利用工程技术规范》（GB 50400—2006）第8.2.2条，"雨水蓄水池可兼作沉淀池。"

③ 关于过滤设施的滤料

依据《建筑与小区雨水利用工程技术规范》（GB 50400—2006）第8.2.3条，"雨水过滤处理宜采用石英砂、无烟煤、重质矿石、硅藻土等滤料或其他新型滤料和新工艺。"

④ 关于消毒

依据《建筑与小区雨水利用工程技术规范》（GB 50400—2006）第8.1.5条，"回用雨水宜消毒。采用氯消毒时，宜满足下列要求：

雨水处理规模不大于 $100m^3/d$ 时，可采用氯片作为消毒剂；

雨水处理规模大于 $100m^3/d$ 时，可采用次氯酸钠或者其他氯消毒剂消毒。

（3）屋面雨水水质处理推荐工艺

依据《建筑与小区雨水利用工程技术规范》（GB 50400—2006）第8.1.3条，"屋面雨水水质处理根据原水水质可选择下列工艺流程：

屋面雨水→初期径流弃流→景观水体；

屋面雨水→初期径流弃流→雨水蓄水沉淀→消毒→雨水清水池；

屋面雨水→初期径流弃流→雨水蓄水沉淀→过滤→消毒→雨水清水池"。

（4）不同处理水量时所需设备及建筑面积

不同处理水量时所需设备和建筑面积可参考表2-17，该表取自建筑标准设计图集《雨水综合利用》（10SS705）。

8. 雨水处理设施的处理能力

依据《建筑与小区雨水利用工程技术规范》（GB 50400—2006）第8.2.1条，"雨水过滤及深度处理设施的处理能力应符合下列规定：

（1）当设有雨水清水池时，按公式（2-7）计算：

$$Q_y = \frac{W_Y}{T} \tag{2-7}$$

式中　Q_y——设施处理能力（m^3/h）；

　　　W_y——经过水量平衡计算后的日用雨水量（m^3）。见2.3节4.内容；

　　　T——雨水处理设施的日运行时间（h）。T 可取16h。

表 2-17　不同处理水量所需设备及建筑面积表

处理设备		处理水量（m³/h）					备注
		5	10	15	20	25	
增压水泵	电机功率×数量（台）	2.2kW×2	3kW×2	3kW×2	4kW×2	4kW×2	一用一备，交替运行
混凝加药装置	储药罐容积×电机功率	100L×412W	200L×412W	200L×412W	300L×412W	300L×412W	其中搅拌电机370W
反应器	直径（mm）×有效高度	φ1000×1.6m	φ1200×2.2m	φ1000×2.4m	φ1200×2.2m	φ1200×2.0m	—
	电机功率×数量（台）	0.75kW×1	1.1kW×1	0.75kW×2	1.1kW×2	1.1kW×3	—
浮动床式过滤器	直径（mm）×高度	φ800×2.2m①	φ600×2.24m	φ800×2.38m	φ800×2.38m	φ800×2.48	—
	运行重量（kg）×数量（台）	2000×1	970×1	1550×1	1550×1	2480×1	—
三叶罗茨风机	电机功率×数量（台）	4kW×1②	1.5kW×1	2.2kW×1	2.2kW×1	4kW×1	—
消毒加药装置	储药罐容积×电机功率	100L×42W	200L×42W	200L×42W	300L×42W	300L×42W	—
管道混合器	直径×数量（台）	DN50×1	DN65×1	DN65×1	DN80×1	DN80×1	—
电控柜	安装功率（kW）	9.604	9.054	10.154	12.854	15.754	—
雨水处理机房	需用建筑面积 A×B（m²）	14m×7m=98m²	14m×7m=98m²	14m×9m=126m²	14m×9m=126m²	14m×11m=154m²	—
	净高 H（m）	3	3	3	3.5	3.5	—

注：1. 本表给出的雨水机房面积是在特定典型平面布置条件下的通常所需面积，包括清水箱占用面积，设计时应根据实际进行调整后确定。
2. ①处理量为 5m³/h 时，采用石英砂过滤器；②所需另外配备反洗泵，参数为 Q=22m³/h，H=25～32m，N=4kW。

（2）当无雨水清水池和高位水箱时，按回用雨水的设计秒流量计算。"

9. 有关规范、规程、标准对雨水处理设施作的其他规定和要求

（1）蓄水池、清水池的材质和构造

《建筑与小区雨水利用工程技术规范》（GB 50400—2006）对雨水蓄水池、清水池提出了如下要求：

7.2.10 条　蓄水池宜采用耐腐蚀、易清洁的环保材料。

7.2.9 条　溢流管和通气管应设防虫措施。

7.2.1 条　雨水蓄水池、蓄水罐宜设置在室外地下。室外地下蓄水池（罐）的人孔或检查口应设置防止人员落入水中的双层井盖。

7.2.2 条　雨水储存设施应设有溢流排水措施，溢流排水措施宜采用重力溢流。

7.2.3 条　室内蓄水池的重力溢流管排水能力应大于进水设计流量。

7.2.4 条　当蓄水池和弃流池设在室内且溢流口低于室外地面时，应符合下列要求：

① 当设置自动提升设备排除溢流雨水时，溢流提升设备的排水标准应按 50 年降雨重现期 5min 降雨强度设计，并不得小于集雨屋面设计重现期降雨强度；

② 当不设溢流提升设备时，应采取防止雨水进入室内的措施；

③ 雨水蓄水池应设溢流水位报警装置，报警信号引至物业管理中心；

④ 雨水收集管道上应设置能以重力流排放到室外的超越管，超越转换阀门宜能实现自动控制。

7.2.5 蓄水池兼作沉淀池时，其进、出水管的设置应满足下列要求：

① 防止水流短路；

② 避免扰动沉积物；

③ 进水端宜均匀布水。

7.2.6 蓄水池应设检查口或人孔，池底宜设集泥坑和吸水坑。当蓄水池分格时，每格都应设检查口和集泥坑。池底设不小于 5% 的坡度坡向集泥坑。检查口附近宜设给水栓和排水泵的电源插座。

7.2.7 当采用型材拼装的蓄水池，且内部构造具有集泥功能时，池底可不做坡度。

7.2.8 当不具备设置排泥设施或排泥确有困难时，排水设施应配置搅拌冲洗系统，应设搅拌冲洗管道，搅拌冲洗水源宜采用池水，并与自动控制系统联动。

《雨水控制与利用工程设计规范》（DB 11/685—2013）提出如下要求：

4.6.5条　雨水储存池可采用室外埋地式塑料模块蓄水池、硅砂砌块水池、混凝土水池等。做法应满足以下要求：

① 应设检查口或检查井，检查口下方的池底应设集泥坑，集泥坑平面最小尺寸应不小于 300mm×300mm；当有分格时，每格都应设检查口和集泥坑。池底设不小于 5％的坡度坡向集泥坑，检查口附近宜设给水栓；

② 当不具备设置排泥设施或排泥确有困难时，应设搅拌冲洗管道，搅拌冲洗水源应采用储存的雨水；

③ 应设溢流管和通气管并设防虫措施；

④ 雨水收集池兼作沉淀池时，进水和吸水口应避免扰动池底沉积物。

4.6.6条　塑料模块组合水池作为雨水储存设施时，应考虑周边荷载的影响，其竖向承载能力及侧向承载能力应大于上层铺装和道路荷载及施工要求，考虑模块使用期限的安全系数应大于 2.0。

4.6.7条　塑料模块水池内应具有良好的水流流动性，水池内的流通直径应不小于 50mm，塑料模块外置应包土工布层。

（2）雨水储存池（蓄水池）的容积

《雨水控制与利用工程设计规范》（DB 11/685—2013）对雨水储存池（蓄水池）的容积作如下规定：

4.6.2条　单纯储存回用雨水的储存设施可只计算回用容积。兼有储存和雨水调节功能的储存设施应分别计算回用容积和调节容积，总容积应为两者之和。

4.6.3条　雨水池的回用容积可按下列要求进行计算：

① 有连续 10 年以上逐日降雨量和逐日用水量资料时，宜采用日调节计算法确定雨水池回用容积与平均雨水收集效率之间的关系曲线，再由技术经济分析后确定雨水收集效率和回用容积；

② 降雨资料不足时，北京地区可采用 45～81mm 的降雨扣除初期径流后的径流量确定雨水池的回用容积。

③ 雨水处理设施清水池的容积

《雨水控制与利用工程设计规范》（DB 11/685—2013）对雨水处理清水池容积作如下规定：

4.8.5条　雨水清水池的有效容积，应根据产水曲线、供水曲线确定，并应满足消毒剂接触时间的要求。在缺乏上述资料情况下，可按雨水回用系统最高日设计用水量的 25％～35％计算。

对蓄水池、清水池自来水补水管的要求：

《建筑给水排水设计规范》（GB 50015—2003）（2009 年版）第 3.2.4C

条规定:"从生活饮用水管网向消防、中水和雨水回用水等其他用水的贮水池（箱）补水时,其进水管口最低点高出溢流边缘的空气间隙不应小于150mm。"此条款是强制性条款。

《雨水控制与利用工程设计规范》（DB 11/685—2013）第4.8.7条规定:"雨水回用水管网应采取防止回流污染措施,水质标准低的水不得进入水质标准高的水系统。"

《建筑与小区雨水利用工程技术规范》（GB 50400—2006）对清水池（箱）补水管作了如下规定:

7.3.3条 当采用生活饮用水补水时,应采取防止生活饮用水被污染的措施,并符合下列规定:

① 清水池（箱）内的自来水补水管出水口应高于清水池（箱）内溢流水位,其间距不得小于2.5倍补水管管径,严禁采用淹没式浮球阀补水;

② 向蓄水池（箱）补水时,补水管口应设在池外。

7.4.6 补水应由水池水位自动控制。

5）处理设施连接管道的选用

雨水处理设施内重力流的无压管道可采用建筑排水用PVC-U平壁管或HDPE排水管。

《建筑与小区雨水利用工程技术规范》（GB 50400—2006）对雨水回用水供水管材作如下规定:

7.3.8 供水系统管材可采用塑料和金属复合管、塑料给水管或其他给水管材,但不得采用非镀锌钢管。

《雨水控制与利用工程设计规范》（DB 11/685—2013）第4.8.11条规定:"雨水回用系统的供水管材应采用钢塑复合管、PE管或其他内壁防腐性能好的给水管材,且管材及接口应满足相关国家标准的要求。"

不同处理水量雨水回用水处理设备连接管管径可参考表2-18选用:

表2-18 雨水处理设备工艺连接管管径选用表

处理水量（m³/h）	增压水泵吸水管 d_1	增压水泵出水管 d_2	混凝加药管 d_3	反应器进出水管 d_4	过滤器相关水管 d_5	过滤器相关空气管 d_6	消毒加药管 d_7	自来水补水管 d_8
5	DN65	DN50	DN10	DN50	DN50	DN80①	DN10	DN65
10	DN80	DN65	DN10	DN65	DN65	DN50	DN10	DN80
15	DN80	DN65	DN10	DN65	DN65	DN50	DN10	DN100

处理水量 （m³/h）	增压水泵 吸水管 d_1	增压水泵 出水管 d_2	混凝加 药管 d_3	反应器 进出水管 d_4	过滤器 相关水管 d_5	过滤器相 关空气管 d_6	消毒 加药管 d_7	自来水 补水管 d_8
20	DN100	DN80	DN10	DN80	DN80	DN65	DN10	DN100
25	DN100	DN80	DN15	DN80	DN80	DN65	DN15	DN125

注：1. 本表给出的管径规格仅供参考，设计时应根据实际计算确定。

2. ①过滤器反洗泵进出水口。

例 2-3 北京地区有一处新建居民住宅小区。小区内有 8 栋多层单元式住宅楼，其硬性屋顶面积 6880m²，住户 480 户。小区内有绿地 7500m²，行车道 1660m² 和 1240m² 休闲广场。小区内另有一座为附近写字楼空调系统服务的循环冷却水站，设有冷却塔，循环水量 350m³/h。计划设置住宅楼屋顶雨水的收集回用系统，为住宅楼住户的冲厕用水、绿地的浇灌、休闲广场和行车道的浇洒服务。有条件时作为循环冷却水站的补充用水。

试依据有关规范、规程的要求，设计计算该雨水收集和回用系统。

解：（1）受水面硬屋顶雨水分析

1）雨水径流总量 W 计算

硬屋顶雨水径流总量采用公式（1-3）计算：

$$W = 10\psi_c h_y F$$

式中 ψ_c——硬屋面雨量径流系数，取 ψ_c=0.9；

h_y——北京地区取 81（mm）；

F——硬屋顶面积，为 0.688（hm²）。

代入（1-3）后得：

W=10×0.9×81×0.688=501.6（m³）

2）雨水初期弃流量 W_i 计算

雨水初期弃流量采用公式（1-4）计算：

$$W_i = 10\delta F$$

式中 δ——雨水初期弃流厚度，取 δ=2（mm）。

代入公式（1-4）得：

W_i=10×2×0.688=13.8（m³）

3）雨水可回用量 W_h

$$W_h = W - W_i = 501.6 - 13.8 = 487.8(m³)$$

（2）回用水用户水量分析

1）住户冲厕用水量 W_c

小区住户 480 户，每户平均以 3.5 人计，查表 2-14 居民最高日用水定额取 220L，冲厕用水占用水定额百分率取 21%，则小区住户冲厕用水量为：

$$W_c = 480 \times 3.5 \times 0.22 \times 21\% = 77.6 \ (\text{m}^3)$$

2）绿地灌溉用水量 W_g

最高日绿地灌溉用水定额取 $2L/\text{m}^2 \cdot \text{d}$，则有，

$$W_g = 7500 \times 0.002 = 15 \ (\text{m}^3)$$

3）行车道和休闲广场浇洒用水量 W_j

浇洒道路和广场的用水定额取 $2L/\text{m}^2 \cdot \text{d}$，则：

$$W_j = (1660 + 1240) \times 0.002 = 5.8 \ (\text{m}^3)$$

4）空调系统循环冷却水补充水 W_b

空调循环冷却水量为 $350\text{m}^3/\text{h}$，补充水比率取 1.8%，则最高日时用水量：

$$W_b = 350 \times 24 \times 1.8\% = 151.2 \ (\text{m}^3)$$

（3）雨水回用系统规模的核算

若以 Q_d 代表雨水回用系统的用户最高日用水量，依据 2.3 节的内容，宜满足如下关系：

$$W_h \cdot 40\% \leqslant Q_d \leqslant W_h \cdot 90\%$$

$$195.12 \leqslant Q_d \leqslant 439.02$$

显然，雨水回用系统光供给住户冲厕用水、绿地灌溉、道路和广场浇洒用水并不能满足上述要求。应该同时供给空调循环冷却水系统的补充水，才能满足。此时：

$$\begin{aligned} Q_d &= W_c + W_g + W_j + W_b \\ &= 77.6 + 15 + 5.8 + 151.2 \\ &= 249.6 \ (\text{m}^3) \end{aligned}$$

收集到的屋顶雨水除了用户用水外，尚有富余部分还需采取地下渗透、溢流外排等方法解决。

（4）水量平衡图

综合以上计算数值，绘制系统水量平衡图见图 2-10。

（5）雨水回用处理流程的选用

依据 2.3 节的内容，在小区住宅楼屋顶雨水收集回用系统中采用如图 2-11 的处理工艺。

在回用雨水处理工艺选用中考虑了以下几个问题：

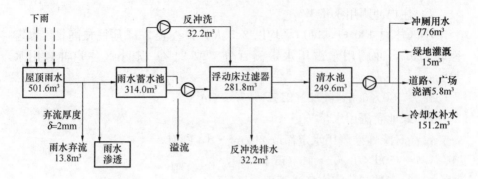

图 2-10　水量平衡图

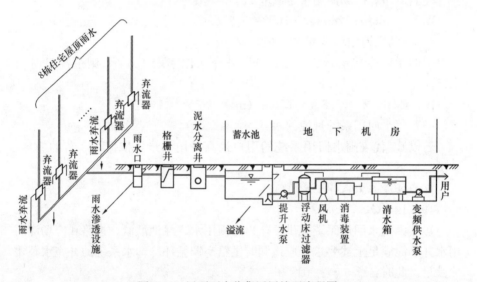

图 2-11　屋顶雨水收集回用处理流程图

1）雨水水质含固体杂质与悬浮物较多，在进蓄水池前设置了格栅井与泥水分离井。

2）处理工艺采用物理处理法——浮动床过滤器为主。

3）由于用于冲厕、回用水对卫生指标有要求，故需设消毒设施。

4）多层住宅楼不能设高位回用水水箱，故回用水供水采用变频调速供水泵供水。

（6）雨水处理设备处理能力计算

依据公式（2-7），当设有雨水清水池时，雨水处理设施的处理能力计算如下：

$$Q_y = \frac{W_y}{T}$$

式中　Q_y——设施处理能力（m³/h）；

　　　W_y——用户最高日回用水量（m³），此处 $W_y = Q_d = 249.6$（m³）；

　　　T——雨水处理设施日运行时间，可取 16（h）。

代入公式（2-5）得：

$$Q_y = \frac{249.6}{16}$$

$$= 15.6 （m³/h）$$

（7）处理设施的选型

1）弃流器

弃流器安装在住宅楼屋顶雨水的外排雨水立管上，做法参见 3.2.3 节的图。

2）雨水口

雨水口起着汇集屋顶雨水的作用。选用组装式塑料雨水口，见 3.2.4-1 节内容，选用平篦式雨水口。

3）泥水分离井

泥水分离井可参照沉砂井或沉淀积泥井的做法，见图 2-12、图 2-13。泥水分离井的井径为 $\phi600 \sim \phi700$。

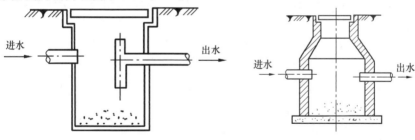

图 2-12　雨水沉砂井　　　　　图 2-13　雨水沉淀积泥井

4）雨水处理水的提升水泵

提升水泵的参数：$Q_p = 15$m³/h、$H =$（10~15）m、$P = 3$kW。

选 2 台泵 1 工 1 备。

5）浮动床式过滤器

浮动床式过滤器的处理水量为 15m³/h。查表 2-17，该过滤器的规格为 $\phi800 \times 2.38$m 1 台。

6）风机

浮动床式过滤器的反冲风机采用三叶罗茨风机，风机功率 $P = 2.2$kW，

1台。

7）消毒装置

消毒加药装置的储药罐容积为200L，搅拌电机功率42W。

8）清水箱

依据2.3节的内容，雨水处理设施清水池的有效容积可按雨水回用水用户最高日用水量的25%～35%计算。

雨水回用水最高日用水量 $Q_d = 249.6$（m^3），其25%～35%的水量为62.4～87.4m^3 范围。

清水池为地下机房内的水箱，尺寸取长8m×宽5m×高2.2m，水深为2m，储水量80m^3。

9）变频供水泵

变频供水泵的供水量由以下几部分组成：

① 住宅住户冲厕用水

冲厕用水的计算采用《建筑给水排水设计规范》（GB 50015 -2003）（2009年版）的公式为式（2-8）。

$$U_0 = \frac{100q_L m K_h}{0.2 \cdot N_g \cdot T \cdot 3600} \tag{2-8}$$

式中　U_0——生活给水管道的最大用水时卫生器具给水当量平均出流概率（%）；

q_L——最高用水日的用水定额。小区住户冲厕用水，$q_L = 220×21\%$ $=46.2L/$人·d；

m——每户用水人数，取3.5人/户；

K_h——小时变化系数，取2.5；

N_g——冲厕器具的给水当量数。对于坐便器取0.5；

T——用水时数，取24h。

代入公式（2-8）得：

$$U_0 = \frac{100×46.2×3.5×2.5}{0.2×0.5×24×3600}（\%）$$

$$= 4.7\%$$

住宅住户冲厕设施的给水当量总数：

$\Sigma N_g = 0.5×480 = 240$（当量）

查《建筑给水排水设计规范》（GB 50015—2003）（2009年版）附录E《给水管段设计秒流量计算表》，得住户冲厕水的设计流量 $q_{g_1} = 4.66$（L/s） $= 16.8$（m^3/h）。

② 绿地灌溉用水

绿地灌溉用水量为 15m³，用水时间以 8h 考虑，则用水流量：

$$q_{g_2} = \frac{15}{8} = 1.88 \ (m³/h)$$

③ 行车道和休闲广场浇洒用水

行车道和休闲广场浇洒用水量为 5.8m³，用水时间也以 8h 考虑，用水流量为：

$$q_{g_3} = \frac{5.8}{8} = 0.73 \ (m³/h)$$

④ 空调系统循环冷却水补充用水

空调系统循环冷却水补充水量为 151.2m³，每日 24h 连续补水，则补水流量为：

$$q_{g_4} = \frac{151.2}{24} = 6.3 \ (m³/h)$$

变频供水泵的供水流量为：

$$q_g = q_{g_1} + q_{g_2} + q_{g_3} + q_{g_4}$$
$$= 16.8 + 1.88 + 0.73 + 6.3$$
$$= 25.7 \ (m³/h)$$

变频调速供水泵可选用 $Q = (26 \sim 28) \ m³/h$ 的供水泵 2 台，1 工 1 备。扬程按实际需要计算确定。

10) 蓄水池

依据 2.3 节的有关内容，雨水储存池（蓄水池）的容积，在北京地区可采用 45～81mm 的降雨量扣除初期径流后的径流量来确定。由于本例题中，雨水蓄水池位于雨水渗透设施之后，故可参考雨水回收水量选用，其有效容积取 350m³ 较为合适，尺寸宜为 14m×10m，池深 2.5m，水深 2.2m，建钢筋混凝土水池。

11) 管道的选用

① 屋顶雨水进入蓄水池之前的雨水干管

此时，雨水干管内的流量采用《建筑与小区雨水利用工程技术规范》（GB 50400—2006）的公式（2-6）计算：

$$Q = \psi_m q_c F$$

式中　Q——雨水干管内流量（L/s）；

ψ_m——雨水流量径流系数，可查表（1-1）得到，对于硬屋顶 $\psi_m = 1$；

q_c——设计暴雨强度 [L/（S·hm²）]。对于北京地区可采用如下公式计算：

$$q_c=\frac{2001（1+0.811\lg P）}{（t+8）^{0.711}}$$，P 为设计重现期，取 $P=2a$；t 为降雨历时（min），采用公式 $t=t_1+mt_2$ 计算；t_1 为汇水面初始汇水时间（min），取值范围（5～10）min，本例题 t_1 取 10（min）；m 为折减系数，取 $m=1$；t_2 为雨水在管渠内流行时间（min），小区不大可取 $t_2=10$（min）。

代入 q 计算公式得：

$$q=\frac{2001（1+0.811\lg 2）}{（20+8）^{0.711}}$$

$$=232.92 [L/（S·hm²）]$$

F——屋顶汇水面积（hm²），据题意 $F=0.688$（hm²）。

代入公式（2-6）得：

$$Q_G=1×232.92×0.688=160.2（L/s）$$

雨水干管内的流态为无压满流状态，其时管内流速采用公式（2-4）计算：

$$v=\frac{1}{n}R^{2/3}I^{1/2}$$

雨水干管选用 PE 材质双壁波纹管，规格为 $dn400$。查表 3-4，此时管道内径 $d_内=0.392$m。

上式中，n 为粗糙系数，对于塑料管 n 取 0.009；R 为水力半径（m），$R=\frac{1}{4}d_内=0.098$（m）；I 为雨水干管纵坡，小区属平坦地区，故取 $I=0.005$。

代入公式得：

$$v=\frac{1}{0.009}×0.098^{2/3}×0.005^{1/2}$$

$$=1.67（m/s）$$

雨水干管所需截面积：

$$A=\frac{Q_G}{v}$$

$$=\frac{0.1602}{1.67}$$

$$=0.0959（m²）$$

雨水干管的直径：

$$d'_{\text{内}} = \sqrt{\frac{4A}{\pi}}$$

$$= \sqrt{\frac{4 \times 0.0959}{3.14}}$$

$$= 0.350 \text{ (m)}$$

选用 $dn400$PE 双壁波纹管的内径是 392mm，大于 $d'_{\text{内}}$ 计算值，故满足要求。

② 处理设施内的工艺接管

处理设施内的工艺接管包括混凝加药管、混凝剂反应器进出水管、浮动床过滤器相关水管、压缩空气管、消毒加药管等，其选用规格可参见本书表 2-18 中处理水量为 $15 \text{m}^3/\text{h}$ 时的数值。

③ 变频供水泵后的供水主干管

供水主干管选用塑料给水管。供水流量 $q_g = 25.7 \text{m}^3/\text{h}$，查相关塑料给水管水力计算表，选用 $dn100$ 塑料给水管，此时管内流速约为 0.86m/s。

12）雨水渗透设施

雨水渗透设施选用可参见 2.2 节和例 2-2 的内容，此处从略。

2.4 小区硬性地面雨水收集回用系统

小区硬性地面雨水收集回用系统的设计计算除要注意同 2.3 节"屋面雨水收集回用系统"的九条要求外，还应注意有别于屋面雨水收集的方法，主要有以下三种：

（1）硬性地面只收集路面下的渗透水部分雨水

此时的收集方法又有两种不同，一种是只收集透水路面面层内的渗透水，透水路面砖以下就是封层（隔离层），雨水不再往下渗透，此时收集雨水的排水暗沟只设透水盖板，暗沟侧壁上不开洞。另一种是不仅透水面层中的雨水流入排水暗沟，面层下的碎石基层中的雨水也流入排水暗沟。在碎石基层以下才是封层（隔离层），此时，路面的剖面和平面见图 2-14 所示。

（2）硬性地面路面以上径流雨水和路面下渗透雨水一起收集

此时地面路面以上的径流雨水可通过雨水口上的截污吊篮来收集，径流雨水中的杂物可由截污挂篮来去除。路面以下的渗透雨水则是由雨水口侧壁上的开孔来收集。雨水口可用水泥砌筑，或用 PE 材料做成成品雨水口（见 3.2.4-1 节内容）。

该雨水收集方法见图 2-15。

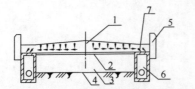

(a)透水地面光收集透水砖面层渗透水设施示意图

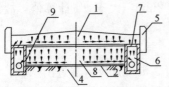

(b)透水地面收集透水砖面层、基层渗透水设施示意图

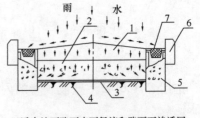

(a)透水地面路面表面径流和路面下渗透同时收集设施示意图

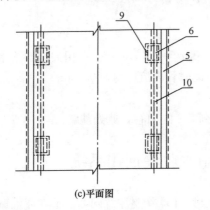

(c)平面图

图2-14 透水地面收集路面下渗透水设施平面图和剖面图

1—透水面层；2—封层（隔离层）；3—不透水基层；4—路基土层；5—路缘石；6—排水暗沟；7—透水盖板；8—碎石基层；9—排水孔；10—雨水收集管

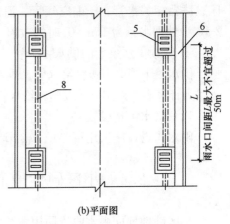

(b)平面图

图2-15 透水路面路面表面径流和路面下渗透同时收集设施平面图

1—透水面层；2—透水基层；3—封层（隔离层）；4—路基土层；5—带截污挂篮的雨水口；6—路缘石；7—截污挂篮；8—雨水收集管

（3）大面积广场、停车场等处地面以下渗透雨水的收集

此时，地面下的雨水渗透管需做成纵横交叉的收集管，雨水收集后有时还需经过格栅井或过滤井，预处理后进入日用水系统的处理设施，见图2-16。

例2-4 北京市某新建小区内，在行车主干道两侧分别建有停车场（长70m×宽18m）和广场（长56m×宽17.5m）各一处，见图2-17。小区内另有8600m² 的绿地和5100m² 的道路需要用停车场和广场收集到的雨水经处理后去灌溉和浇洒。请依据有关规范、规程的要求，对雨水收集系统进行设计计算。

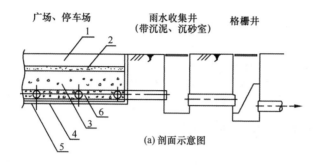

(a) 剖面示意图

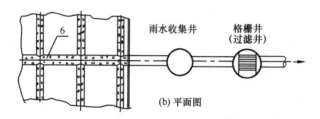

(b) 平面图

图 2-16 广场、停车场透水地面路面下雨水收集设施图

1—透水面层；2—找平层；3—透水基层；4—不透水土工布；

5—土层；6—渗透花管

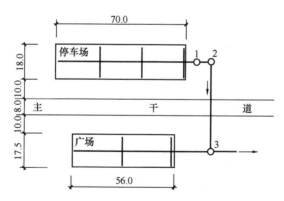

图 2-17 停车场、广场平面布置

1—雨水格栅井；2、3—雨水检查井

解 （1）雨水收集方式的确定

结合停车场采用透水混凝土面层和广场采用透水砖面层的实际情况，决定停车场的雨水采用路面表面径流和路面下渗透同时收集的方式（参见图 2-15），广场雨水采用透水砖面层、碎石基层渗透同时收集的方式（见图

2-14(b))。

(2) 受水面停车场和广场雨水分析

1) 停车场

① 停车场受水面降雨总量 W_1

停车场受水面降雨总量采用公式（1-5）计算：

$$W_1 = 10h_y F_1$$

式中　W_1——停车场受水面降雨总量（m^3）。

　　　　h_y——降雨厚度（mm）。北京地区重现期为 2 年，最大 24h 降雨量，取 $h_y = 81$（mm）；

　　　　F_1——停车场面积（hm^2）。$F_1 = 70 \times 18 = 1260$（$m^2$）$= 0.126$（$hm^2$）。

代入公式得：

$W_1 = 10 \times 81 \times 0.126$

　　　$= 102.06$（m^3）

② 停车场初期雨水弃流量 W_i

由于停车场收集了路面径流，故需考虑雨水的初期弃流。其计算采用公式（1-4）：

$$W_i = 10\delta F_1$$

式中　δ——雨水初期弃流厚度（mm）。取 $\delta = 3$（mm）。

代入公式得：

$W_i = 10 \times 3 \times 0.126$

　　　$= 3.78$（m^3）

③ 停车场能收集到的雨水量 W_{h1}

W_h 即停车场能回用的雨水量。

$W_{h1} = W_1 - W_i$

　　　　$= 102.06 - 3.78$

　　　　$= 98.28$（m^3）

2) 广场

① 广场受水面降雨总量 W_2

广场受水面降雨总量采用公式（1-5）计算：

$$W_2 = 10h_y F_2$$

式中　F_2——广场面积（hm^2）。$F_2 = 56 \times 17.5 = 980$（$m^2$）$= 0.098$（$hm^2$）。

代入公式得：

$W_2 = 10 \times 81 \times 0.098$

$$=79.38 \ (\text{m}^3)$$

② 广场地表雨水外排径流量 W_q

广场地表雨水外排径流量采用公式（1-3）计算：

$$W_q = 10\psi_c h_y F_2$$

式中 ψ_c——采用透水砖面层的雨水量径流系数。查表 1-1，取 $\psi_c=0.20$。

代入公式得：

$$W_q = 10 \times 0.2 \times 81 \times 0.098$$

$$= 15.88 \ (\text{m}^3)$$

③ 广场雨水渗入地下收集到的雨水量 W_s

$$W_s = W_2 - W_q$$

$$= 79.38 - 15.88$$

$$= 63.5 \ (\text{m}^3)$$

显然，W_s 即为广场能回用的雨水量 W_{h2}。

（3）用户回用水量分析

1）绿地灌溉用水量 W_g

据题意，绿地面积为 8600（m^2）。若取绿地灌溉用水定额取 $2\text{L}/\text{m}^2 \cdot \text{d}$，则有：

$$W_g = 8600 \times 0.002$$

$$= 17.2 \ (\text{m}^3)$$

2）小区道路浇洒用水量 W_j

小区道路面积为 5100（m^2）。道路浇洒的用水定额取 $2\text{L}/\text{m}^2 \cdot \text{d}$，有：

$$W_j = 5100 \times 0.002$$

$$= 10.2 \ (\text{m}^3)$$

（4）水量平衡图

将以上水量计算值绘制成水量平衡图，见图 2-18。从水量平衡图看出，下雨后从停车场及广场收集到的雨量处理后只供给小区内绿地和道路的灌溉和浇洒，尚有较大的富余。这部分富余的雨量应另设渗透及调蓄设施处置，而不应由处理系统溢流排入雨水管道。另设的雨水渗透及调蓄设施的选用，本例题介绍从略，可参考 2.2 节及例 2-2 的有关内容。

（5）雨水回用处理流程的确定

综合停车场和广场收集到雨水的水质特点及绿地灌溉及小区道路浇洒用水水质的需求，雨水的处理采用以物理处理为主的处理方法，其处理流程如图 2-19 所示。在雨水处理流程选择中考虑了如下几个问题：

1）停车场雨水和广场雨水收集方式上有区别，故在进粗过滤井前的前

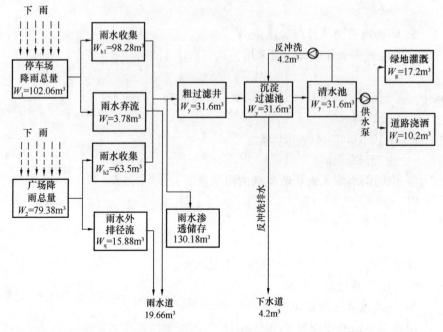

图 2-18　水量平衡图

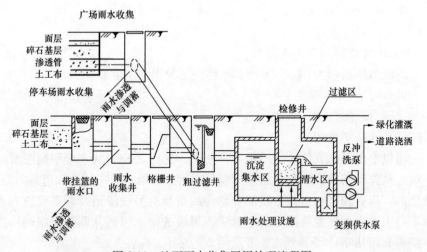

图 2-19　地面雨水收集回用处理流程图

处理中也有区别。停车场雨水因包含有地面径流，故进粗过滤井前需设带挂篮的雨水口和格栅井。而广场雨水都经过透水砖收集，故可不设。

2）粗过滤井内设有细格网，能去除粗颗粒固状物。

3）由于雨水收集处理后作为灌溉和浇洒用水，对水质要求不高，故采用兼有沉淀功能的蓄水池和砂滤层，并取消了消毒工序。

4）由于用水系统不设高位调节水箱，故供水采用变频调速水泵的形式。

（6）处理设施处理能力计算

依据公式（2-7），当设有雨水清水池时，雨水处理设施的处理能力计算如下：

$$Q_y = \frac{W_y}{T}$$

式中 Q_y——设施处理能力（m^3/h）；

W_y——小区绿地灌溉和道路浇洒最高日回用水量（m^3）。$M_y = W_g + W_j = 27.4$（m^3）；

T——雨水处理设施日运行时间，取 $T = 6h$。

代入公式得：

$$Q_y = \frac{27.4}{6}$$

$$= 4.57 （m^3/h）$$

（7）处理设施的选型

1）带挂篮的雨水口

选用环保雨水口，做法参见国家建筑标准设计图集《雨水综合利用》（10SS705）。

2）粗过滤井

粗过滤井采用塑料材质，组合拼装完成，直径 $\phi1000$。做法参见国家建筑标准设计图集《雨水综合利用》（10SS705）的过滤井大样。

3）雨水处理设施

① 沉淀集水区

依据回用水处理设施的计算方法，雨水的沉淀集水时间宜选 2.5h，此时，沉淀集水区的容积 V_c 计算如下：

$$V_c = Q_y T_c \tag{2-9}$$

式中 V_c——沉淀集水区容积（m^3）；

Q_y——雨水处理设施的处理能力（m^3/h），据前计算 $Q_y = 4.57$（m^3/h）；

T_c——沉淀集水时间，宜取 2.5h。

代入公式得：

$$V_c = 4.57 \times 2.5$$

$$= 11.4 m^3$$

V_c 可以 12m³ 取值。

② 过滤区

过滤区采用砂过滤介质。过滤区的表面积 F_G 采用公式（2-10）确定：

$$F_G = \frac{Q_y}{v_G T} \qquad (2-10)$$

式中　F_G——过滤区过滤表面积（m²）。过滤层深度可取（1.0～1.2）（m）；

　　　v_G——设计过滤滤速（m/h），宜取 $v_G = 4$m/h；

　　　T——雨水处理设施日运行时间，取 $T = 6$h。

代入公式得：

$$F_G = \frac{27.4}{4 \times 6}$$

$$= 1.14 \ (\text{m}^2)$$

③ 清水区

依据 2.3 节有关清水池容积的规定，清水池有效容积取最高日用水量的 25%～35%计算。即

$$V_q = (25\% \sim 35\%)(W_g + W_j)$$

$$= (25\% \sim 35\%)(17.2 + 10.2)$$

$$= (6.85 \sim 9.59) \ (\text{m}^3)$$

根据 V_c、F_G 和 V_q 的值可决定雨水处理设施的尺寸。

4）反冲洗泵

石英砂过滤区的面积 $F_G = 1.14$m²，水反冲洗强度取 12L/(m²·s)，则反冲洗水流量为：

$$Q_{cx} = 12 \times 1.14$$

$$= 13.68 \ (\text{L/s})$$

$$= 49.2 \ (\text{m}^3/\text{h})$$

反冲洗泵性能参数流量可选 50（m³/h），扬程按现场反冲洗管线情况经计算选用，一般不大于 10m。

反冲洗时间为 5min，每次反冲洗水量为 $50 \times \frac{5}{60} = 4.2$（m³）。

（8）变频调速供水泵

变频调速供水泵的供水量由以下两部分组成：

绿地灌溉水量（每日）：　　17.2m³；

小区道路浇洒用水量（每日）：　10.2m³；

最高日用水量小计：27.4m³；

用水时间：　　8h；

故供水量的流量：$\dfrac{27.4}{8} = 3.4$（m³/h）。

由于雨水回用水用于绿地灌溉和道路浇洒，不设高位调节水箱，故供水采用变频调速水泵形式。供水泵的流量可取 4m³/h，扬程结合现场灌溉和浇洒管道的长度和布置经计算确定。

（9）管道的选用

1）变频供水泵后的供水主干管

供水主干管选用塑料给水管。供水流量 $q_g = 4$（m³/h），查相关塑料给水管水力计算表，选用 $dn40$ 塑料给水管，此时管内流速约为 1.08m/s。

2）反冲洗水管

反冲洗水管也选用塑料给水管，此时管内流量 $Q_{cx} = 50$m³/h，选用 $dn125$ 塑料给水管，管内流速约为 1.04m/s。

3）其他雨水渗透管、收集管

对于其他雨水渗透管、收集管，结合现场雨水设施及管道布置，在获得管内流量的基础上，可参考 2.1 节的内容进行计算或查询相关管道水力计算表确定管道管径。

2.5　雨水调蓄排放系统

1. 雨水调蓄排放系统的组成

雨水的调蓄排放系统由雨水收集管网、调蓄池、排水管道组成。调蓄池应尽量利用天然洼地、池塘、景观水体等地面设施，条件不具备时，可采用地下调蓄池。

雨水调蓄系统应包含雨水收集、储存及排放管网。降雨发生时雨水通过收集系统进入到雨水储存设施中，达到调蓄的作用，待降雨减小或停止时，再将雨水储存设施内的雨水通过排放管网排除。雨水调蓄系统中的收集设施一般包括雨水管线、雨水沟渠、植被浅沟等雨水输送设施。调蓄系统中的储存设施则包括调蓄池、有调蓄空间的景观水体、天然洼地等有调蓄容积的场地，同时这些调蓄设施还应满足在降雨前排空的要求。

雨水调蓄系统的主要设施是调蓄池，调蓄池常推荐以下两种型式：

（1）溢流堰式调蓄池

通常设置在干管一侧，称为离线式或并联式，调蓄池设有进水管和出水管。进水较高，其管顶一般与池内最高水位持平；出水管较低，其管底一般与池内最低水位持平，见图 2-20。

（2）底部流槽式调蓄池

通常设置在干管上，称为在线式或串联式，雨水从池上游干管进入调蓄池，当进水量小于出水量时，雨水经设在池最低部的渐缩断面流槽全部流入下游干管而排走。池内流槽深度等于池下游干管的直径。当进水量大于出水量时，池内逐渐被高峰时的多余水量所充满，池内水位逐渐上升，直到进水量减少至小于池下游干管的通过能力时，池内水位才逐渐下降，至排空为止，见图 2-21。

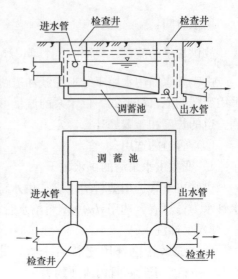

图 2-20 溢流堰式调蓄池

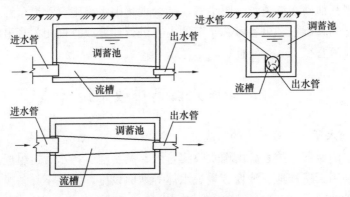

图 2-21 底部流槽式调蓄池

《雨水控制与利用工程设计规范》（DB 11/685—2013）中对调蓄池的材质和做法提出了如下要求：

1）雨水储存池可采用室外埋地式塑料模块蓄水池、硅砂砌块水池、混凝土水池等。做法应满足以下要求：

① 应设检查口或检查井，检查口下方的池底应设集泥坑，集泥坑平面最小尺寸应不小于 300mm×300mm；当有分格时，每格都应设检查口和集泥坑。池底设不小于 5％的坡度坡向集泥坑，检查口附近宜设给水栓；

② 当不具备设置排泥设施或排泥确有困难时，应设搅拌冲洗管道，搅拌冲洗水源应采用储存的雨水；

③ 应设溢流管和通气管并设防虫措施；

④ 雨水收集池兼作沉淀池时，进水和吸水口应避免扰动池底沉积物。

2）塑料模块组合水池作为雨水储存设施时，应考虑周边荷载的影响，其竖向承载能力及侧向承载能力应大于上层铺装和道路荷载及施工要求，考虑模块使用期限的安全系数应大于 2.0。

3）塑料模块水池内应具有良好的水流流动性，水池内的流通直径应不小于 50mm，塑料模块外围应包土工布层。

2. 雨水调蓄排放系统的计算公式和设计参数

（1）调蓄水池的容积计算

依据《建筑与小区雨水利用工程技术规范》（GB 50400—2006）第 9.0.5 条，调蓄水池的容积按公式（2-11）计算：

$$V_{Tx} = \max\left[\frac{60}{1000}(Q-Q')t_m\right] \qquad (2-11)$$

式中　V_{Tx}——调蓄池容积（m³）；

　　　Q——雨水设计流量（L/s）；

　　　Q'——雨水调蓄系统设计排水流量（L/s）；

　　　t_m——调蓄池蓄水历时（min），不大于 120min。

式中 Q 用公式（2-6）计算：

$$Q = \psi_m q F$$

式中　ψ_m——雨水受水面流量径流系数，可查本书表 1-1 得到；

　　　q——设计暴雨强度（L/s·hm²）。可查附录 E "全国部分城镇雨量资料"得到。q 的计算与降雨设计重现期 P 有关。

　　　F——雨水汇水面积，hm²。

依据《建筑与小区雨水利用工程技术规范》（GB 50400—2006）第 9.0.5 条，"调蓄排放系统的降雨设计重现期宜取 2 年。"

依据《雨水控制与利用工程设计规范》（DB 11/685—2013）第 4.7.2 条，"调蓄系统的设计标准应与下游排水系统的设计降雨重现期匹配，且小于 3 年。"

以上是两个规范的差异，也说明了北京的地方标准高于国家标准的要求。

而（2-11）式中的 Q' 采用公式（2-12）计算：

$$Q' = \frac{1000W}{t'} \qquad (2-12)$$

式中　W——汇水面积上雨水设计径流总量（m³）。可采用公式（1-3）计算；

$$W = 10\psi_c h_y F$$

式中　ψ_c——雨水径流系数。若汇水面积区域内，下垫面有不同种类时，ψ_c 应取加权平均值，即采用公式（1-1）$\psi_c = \dfrac{\sum \psi_{ci} F_i}{\sum F_i}$；

h_y——取设计降雨厚度（mm）。即取 2 年一遇 24h 最大降雨量，北京地区可取 81mm。

t'——调蓄水池内雨水排空的时间（s）。宜按 6h~12h 计，即 t 取 21600~43200s。

将以上各公式代入公式（2-11）后得：

$$V_{Tx} = \max\left[\frac{60}{1000}\left(\psi_m q_c F - \frac{1000}{t'} \cdot 10\psi_c h_y F\right)t_m\right]$$

$$= \max\left[\left(\psi_m q_c - \frac{10000}{t'}\psi_c h_y\right)\frac{60}{1000}F t_m\right] \tag{2-13}$$

将重现期 $P = 2a$（北京地区取 3a）、t_m 从 5、10、15、20……逐渐增大到 120mm，分别计算，并列成表格。直至得到 V_{Tx} 的最大值。该 V_{Tx} 值就是要计算的结果。

若雨水调蓄系统设计排水流量 Q' 以建设项目开发前的原始状况流量径流系数 0.2 来计算，即 $Q' = 0.2q_c F$ 来简化时，可有：

$$V_{Tx} = \max\left[\frac{60}{1000}(\psi_m q_c F - 0.2qF)t_m\right]$$

$$= \max\left[(\psi_m - 0.2)\frac{60}{1000}q_c F t_m\right] \tag{2-14}$$

调蓄池出水管管径应根据设计排水流量确定，也可以根据调蓄池容积进行估算，见表 2-19。

表 2-19　调蓄池出水管管径计算表

调蓄池容积（m³）	出水管管径（mm）
500~1000	200~250
1000~2000	200~300

（2）雨水调蓄池前雨水收集管管径的确定

雨水渗透管的排水流量计算可参见 2.1 节的内容。

雨水收集管的水力计算及管径确定途径有三处：

① 查《埋地硬聚氯乙烯排水管道工程技术规程》CECS122：2001 的附录 B、附录 C 和附录 D。见表 2-20、表 2-21 和表 2-22：

表 2-20 满流条件下，硬聚氯乙烯双壁波纹管管道的管径、坡度、流速流量关系表 ($n=0.01$)

公称直径 dn	200		250		315		400		450		500		630	
管内径 D_i (m)	0.172		0.216		0.270		0.340		0.383		0.432		0.540	
波度 I ‰	v m/s	Q m³/s	v m/s	Q m³/s	v m/s	Q m³/s	v m/s	Q m³/s	v m/s	Q m³/s	v m/s	Q m³/s	v m/s	Q m³/s
0.1	0.1226	0.0028	0.1427	0.0052	0.1656	0.0095	0.1932	0.0175	0.2091	0.0241	0.2266	0.0332	0.2630	0.0602
0.2	0.1734	0.0040	0.2018	0.0074	0.2342	0.0134	0.2732	0.0248	0.2958	0.0341	0.3205	0.0470	0.3719	0.0852
0.3	0.2124	0.0049	0.2472	0.0091	0.2869	0.0164	0.3346	0.0304	0.3622	0.0417	0.3925	0.0575	0.4555	0.1043
0.4	0.2452	0.0057	0.2855	0.0105	0.3313	0.0190	0.3863	0.0351	0.4183	0.0482	0.4532	0.0664	0.5260	0.1204
0.5	0.2742	0.0064	0.3191	0.0117	0.3704	0.0212	0.4319	0.0392	0.4676	0.0539	0.5067	0.0743	0.5881	0.1347
0.6	0.3003	0.0070	0.3496	0.0128	0.4057	0.0232	0.4731	0.0430	0.5123	0.0590	0.5551	0.0814	0.6442	0.1475
0.7	0.3244	0.0075	0.3776	0.0138	0.4382	0.0251	0.5111	0.0464	0.5533	0.0637	0.5996	0.0879	0.6958	0.1593
0.8	0.3468	0.0081	0.4037	0.0148	0.4685	0.0268	0.5463	0.0496	0.5915	0.0681	0.6410	0.0940	0.7438	0.1703
0.9	0.3678	0.0085	0.4282	0.0157	0.4969	0.0285	0.5795	0.0526	0.6274	0.0723	0.6799	0.0996	0.7890	0.1807
1.0	0.3877	0.0090	0.4513	0.0165	0.5238	0.300	0.6108	0.0555	0.6613	0.762	0.7166	0.1050	0.8316	0.1904
1.1	0.4066	0.0094	0.4734	0.0173	0.5493	0.0315	0.6406	0.0582	0.6936	0.0799	0.7516	0.1102	0.8722	0.1998
1.2	0.4247	0.0099	0.4944	0.0181	0.5738	0.0329	0.6691	0.0608	0.7245	0.0835	0.7850	0.1151	0.9110	0.2086
1.3	0.4421	0.0103	0.5146	0.0189	0.5972	0.0342	0.6965	0.0632	0.7540	0.0869	0.8171	0.1198	0.9482	0.2171

公称直径 dn	200		250		315		400		450		500		630	
管内径 Di (m)	0.172		0.216		0.270		0.340		0.383		0.432		0.540	
波度 I ‰	v m/s	Q m³/s	v m/s	Q m³/s	v m/s	Q m³/s	v m/s	Q m³/s	v m/s	Q m³/s	v m/s	Q m³/s	v m/s	Q m³/s
1.4	0.4588	0.0107	0.5340	0.0196	0.6197	0.0355	0.7227	0.0656	0.7825	0.0902	0.8479	0.1243	0.9840	0.2253
1.5	0.4749	0.0110	0.5528	0.0203	0.6415	0.0367	0.7481	0.0679	0.8100	0.0933	0.8777	0.1286	0.0185	0.2332
1.6	0.4904	0.0114	0.5709	0.0209	0.6625	0.0379	0.7726	0.0702	0.8365	0.0964	0.9065	0.1329	1.0519	0.2409
1.7	0.5055	0.0117	0.5885	0.0216	0.6829	0.0391	0.7964	0.0723	0.8623	0.0993	0.9344	0.1370	1.0843	0.2483
1.8	0.5202	0.0121	0.6055	0.0222	0.7027	0.0402	0.8195	0.0744	0.8873	0.1022	0.9615	0.1409	1.1158	0.2555
1.9	0.5344	0.0124	0.6221	0.0228	0.7220	0.0413	0.8420	0.0764	0.9116	0.1050	0.9878	0.1448	1.1463	0.2625
2.0	0.5483	0.0127	0.6383	0.0234	0.7407	0.0424	0.8638	0.0784	0.9353	0.1078	1.0135	0.1485	1.1761	0.2693
2.2	0.5751	0.0134	0.6694	0.0245	0.7769	0.0445	0.9060	0.0823	0.9809	0.1130	1.0629	0.1558	1.2335	0.2825
2.4	0.6007	0.0140	0.6992	0.0256	0.8114	0.0465	0.9463	0.0859	1.0245	0.1180	1.1102	0.1627	1.2884	0.2950
2.6	0.6252	0.0145	0.7278	0.0267	0.8446	0.0484	0.9849	0.0894	1.0664	0.1229	1.1555	0.1694	1.3410	0.3071
2.8	0.6488	0.0151	0.7552	0.0277	0.8764	0.0502	1.0221	0.0928	1.1066	0.1275	1.1991	0.1758	1.3916	0.3187
3.0	0.6716	0.0156	0.7817	0.0286	0.9072	0.0519	1.0580	0.0961	1.1455	0.1320	1.2412	0.1819	1.4404	0.3299

续表

公称直径 dn	200		250		315		400		450		500		630	
管内径 D_i (m)	0.172		0.216		0.270		0.340		0.383		0.432		0.540	
坡度 I ‰	v m/s	Q m³/s	v m/s	Q m³/s	v m/s	Q m³/s	v m/s	Q m³/s	v m/s	Q m³/s	v m/s	Q m³/s	v m/s	Q m³/s
3.5	0.7254	0.0169	0.8444	0.0309	0.9799	0.0561	1.1428	0.1038	1.2372	0.1425	1.3407	0.1965	1.5558	0.3563
4.0	0.7754	0.0180	0.9027	0.0331	1.0476	0.0600	1.2217	0.1109	1.3227	0.1524	1.4333	0.2101	1.6633	0.3809
4.5	0.8225	0.0191	0.9574	0.0351	1.1111	0.0636	1.2958	0.1176	1.4029	0.1616	1.5202	0.2228	1.7642	0.4040
5.0	0.8670	0.0201	1.0092	0.0370	1.1712	0.0671	1.3659	0.1240	1.4788	0.1704	1.6024	0.2349	1.8596	0.4258
6.0	0.9497	0.0221	1.1056	0.0405	1.2830	0.0735	1.4962	0.1358	1.6199	0.1866	1.7554	0.2573	2.0371	0.4665
7.0	1.0258	0.0238	1.1941	0.0438	1.3858	0.0793	1.6161	0.1467	1.7497	0.2016	1.8960	0.2779	2.2003	0.5040
8.0	1.0967	0.0255	1.2766	0.0468	1.4815	0.0848	1.7277	0.1569	1.8705	0.2155	2.0269	0.2971	2.3522	0.5387
9.0	1.1632	0.0270	1.3540	0.0496	1.5713	0.0900	1.8325	0.1664	1.9840	0.2286	2.1499	0.3151	2.4949	0.5714
10.0	1.2261	0.0285	1.4273	0.0523	1.6563	0.0948	1.9316	0.1754	2.0913	0.2409	2.2662	0.3322	2.6299	0.6023
12.0	1.3431	0.0312	1.5635	0.0573	1.8144	0.1039	2.1160	0.1921	2.2909	0.2639	2.4825	0.3639	2.8809	0.6597
14.0	1.4507	0.0337	1.6888	0.0619	1.9598	0.1122	2.2855	0.2075	2.4745	0.2851	2.6814	0.3930	3.1117	0.7126
16.0	1.5509	0.0360	1.8054	0.0662	2.0951	0.1200	2.4433	0.2218	2.6453	0.3048	2.8665	0.4202	3.3265	0.7619
18.0	1.6450	0.0382	1.9149	0.0702	2.2222	0.1272	2.5915	0.2353	2.8058	0.3233	3.0404	0.4456	3.5283	0.8081
20.0	1.7340	0.0403	2.0185	0.0740	2.3424	0.1341	2.7317	0.2480	2.9576	0.3407	3.2049	0.4698	3.7192	0.8518

表 2-21 满流条件下，硬聚氯乙烯平壁管管道的管径、坡度、流速、流量关系表 ($n=0.01$)

公称直径 dn	200		250		315		400		500		630	
管内径 D_i (m)	0.1882		0.2354		0.2966		0.3766		0.4708		0.5932	
坡度 I ‰	v m/s	Q m³/s	v m/s	Q m³/s	v m/s	Q m³/s	v m/s	Q m³/s	v m/s	Q m³/s	v m/s	Q m³/s
0.1	0.1302	0.0036	0.1512	0.0066	0.1763	0.0122	0.2068	0.0230	0.2400	0.0418	0.2800	0.0774
0.2	0.1841	0.0051	0.2137	0.0093	0.2494	0.0172	0.2924	0.0326	0.3394	0.0591	0.3959	0.1094
0.3	0.2255	0.0063	0.2618	0.0114	0.3054	0.0211	0.3582	0.0399	0.4157	0.0724	0.4850	0.1340
0.4	0.2604	0.0072	0.3023	0.0132	0.3527	0.0244	0.4136	0.0461	0.4800	0.0836	0.5600	0.1548
0.5	0.2911	0.0083	0.3380	0.0147	0.3943	0.0272	0.4624	0.0515	0.5366	0.0934	0.6261	0.1730
0.6	0.3189	0.0089	0.3703	0.0161	0.4320	0.0298	0.5065	0.0564	0.5879	0.1023	0.6859	0.1896
0.7	0.3445	0.0096	0.4000	0.0174	0.4666	0.0322	0.5472	0.0610	0.6350	0.1105	0.7409	0.2048
0.8	0.3682	0.0102	0.4275	0.0186	0.4987	0.0345	0.5848	0.0651	0.6787	0.1182	0.7918	0.2188
0.9	0.3906	0.0109	0.4535	0.0197	0.5290	0.0366	0.6204	0.0691	0.7200	0.1253	0.8400	0.2322
1.0	0.4116	0.0115	0.4780	0.0208	0.5576	0.0385	0.6539	0.0728	0.7589	0.1321	0.8853	0.2447
1.1	0.4319	0.0120	0.5014	0.0218	0.5849	0.0404	0.6859	0.0764	0.7961	0.1386	0.9287	0.2567
1.2	0.4510	0.0125	0.5236	0.0228	0.6109	0.0422	0.7163	0.0798	0.8314	0.1447	0.9699	0.2681

公称直径 dn	200		250		315		400		500		630	
管内径 D_i (m)	0.1882		0.2354		0.2966		0.3766		0.4708		0.5932	
波度 I ‰	v m/s	Q m³/s	v m/s	Q m³/s	v m/s	Q m³/s	v m/s	Q m³/s	v m/s	Q m³/s	v m/s	Q m³/s
1.3	0.4695	0.0131	0.5451	0.0237	0.6359	0.0439	0.7457	0.0831	0.8654	0.1507	1.0097	0.2791
1.4	0.4872	0.0136	0.5656	0.0246	0.6599	0.0456	0.7738	0.0862	0.8981	0.1563	1.0477	0.2896
1.5	0.5042	0.0140	0.5854	0.0255	0.6830	0.0472	0.8009	0.0892	0.9295	0.1618	1.0844	0.2997
1.6	0.5208	0.0145	0.6046	0.0263	0.7054	0.0487	0.8271	0.0921	0.9600	0.1671	1.1200	0.3095
1.7	0.5368	0.0149	0.6232	0.0271	0.7271	0.0502	0.8526	0.0950	0.9895	0.1723	1.1544	0.3190
1.8	0.5524	0.0154	0.6414	0.0279	0.7482	0.0517	0.8774	0.0977	1.0183	0.1773	1.1880	0.3283
1.9	0.5673	0.0158	0.6589	0.0287	0.7687	0.0531	0.9014	0.1004	1.0462	0.1821	1.2205	0.3373
2.0	0.5822	0.0162	0.6760	0.0294	0.7886	0.0545	0.9248	0.1030	1.0733	0.1868	1.2521	0.3460
2.2	0.6106	0.0170	0.7089	0.0309	0.8271	0.0571	0.9699	0.1080	1.1256	0.1960	1.3132	0.3629
2.4	0.6378	0.0178	0.7405	0.0322	0.8639	0.0597	1.0131	0.1129	1.1758	0.2047	1.3717	0.3791
2.6	0.6639	0.0185	0.7707	0.0335	0.8992	0.0621	1.0544	0.1175	1.2238	0.2130	1.4277	0.3946
2.8	0.6890	0.0192	0.8000	0.0348	0.9332	0.0645	1.0944	0.1219	1.2700	0.2211	1.4817	0.4095
3.0	0.7131	0.0198	0.8279	0.0360	0.9658	0.0667	1.1326	0.1262	1.3145	0.2288	1.5335	0.4238

公称直径 dn	200		250		315		400		500		630	
管内径 Di (m)	0.1882		0.2354		0.2966		0.3766		0.4708		0.5932	
坡度 I ‰	v m/s	Q m³/s	v m/s	Q m³/s	v m/s	Q m³/s	v m/s	Q m³/s	v m/s	Q m³/s	v m/s	Q m³/s
3.5	0.7702	0.0214	0.8942	0.0389	1.0433	0.0721	1.2234	0.1363	1.4198	0.2472	1.6565	0.4578
4.0	0.8235	0.0229	0.9561	0.0416	1.1154	0.0771	1.3080	0.1457	1.5180	0.2643	1.7710	0.4895
4.5	0.8734	0.0243	1.0140	0.0441	1.1829	0.0817	1.3871	0.1545	1.6099	0.2803	1.8782	0.5191
5.0	0.9206	0.0256	1.0688	0.0465	1.2469	0.0862	1.4622	0.1629	1.6970	0.2954	1.9798	0.5472
6.0	1.0085	0.0281	1.1710	0.0510	1.3660	0.0944	1.6018	0.1784	1.8590	0.3236	2.1688	0.5994
7.0	1.0893	0.0303	1.2647	0.0550	1.4755	0.1019	1.7302	0.1927	2.0080	0.3496	2.3427	0.6475
8.0	1.1645	0.0324	1.3519	0.0588	1.5773	0.1090	1.8496	0.2060	2.1465	0.3737	2.5043	0.6921
9.0	1.2352	0.0344	1.4340	0.0624	1.6730	0.1156	1.9619	0.2185	2.2769	0.3964	2.6563	0.7341
10.0	1.3020	0.0362	1.5115	0.0658	1.7635	0.1218	2.0679	0.2303	2.4000	0.4178	2.8000	0.7738
12.0	1.4262	0.0397	1.6557	0.0721	1.9317	0.1335	2.2652	0.2523	2.6289	0.4577	3.0671	0.8477
14.0	1.5405	0.0429	1.7885	0.0778	2.0865	0.1442	2.4468	0.2726	2.8395	0.4943	3.3129	0.9156
16.0	1.6468	0.0458	1.9120	0.0832	2.2306	0.1541	2.6156	0.2914	3.0357	0.5285	3.5417	0.9788
18.0	1.7467	0.0486	2.0279	0.0883	2.3659	0.1635	2.7744	0.3090	3.2198	0.5605	3.7564	1.0382
20.0	1.8412	0.0512	2.1376	0.0930	2.4939	0.1723	2.9245	0.3258	3.3940	0.5909	3.9597	1.0943

表 2-22 满流条件下，硬聚氯乙烯环形肋管管道的
管径、坡度、流速流量关系表（$n=0.01$）

公称直径 dn	150		225		300		400	
管内径 D_i（m）	0.150		0.225		0.30		0.40	
波度 I ‰	v m/s	Q m³/s	v m/s	Q m³/s	v m/s	Q m³/s	v m/s	Q m³/s
0.1	0.1120	0.0020	0.1468	0.0058	0.1778	0.0126	0.2154	0.0271
0.2	0.1584	0.0028	0.2076	0.0083	0.2515	0.0178	0.3047	0.0383
0.3	0.1938	0.0034	0.2543	0.0101	0.3080	0.0218	0.3732	0.0469
0.4	0.2238	0.0040	0.2936	0.0117	0.3557	0.0251	0.4309	0.0541
0.5	0.2505	0.0044	0.3283	0.0131	0.3977	0.0281	0.4817	0.0605
0.6	0.2744	0.0048	0.3596	0.0143	0.4356	0.0308	0.5277	0.0663
0.7	0.2964	0.0052	0.3884	0.0154	0.4705	0.0333	0.5700	0.0716
0.8	0.3169	0.0056	0.4152	0.0165	0.5030	0.0356	0.6094	0.0766
0.9	0.3361	0.0059	0.4404	0.0175	0.5335	0.0377	0.6463	0.0812
1.0	0.3543	0.0063	0.4638	0.0185	0.5624	0.0398	0.6808	0.0856
1.1	0.3716	0.0066	0.4869	0.0194	0.5898	0.0417	0.7145	0.0898
1.2	0.3881	0.0069	0.5086	0.0202	0.6155	0.0436	0.7457	0.0938
1.3	0.4040	0.0071	0.5293	0.0210	0.6412	0.0453	0.7768	0.0976
1.4	0.4192	0.0074	0.5493	0.0318	0.6654	0.0470	0.8061	0.1013
1.5	0.4339	0.0077	0.5686	0.0226	0.6888	0.0487	0.8344	0.1049
1.6	0.4482	0.0079	0.5872	0.0233	0.7108	0.0503	0.8611	0.1083
1.7	0.4620	0.0082	0.6053	0.0241	0.7326	0.0518	0.8876	0.1116
1.8	0.4753	0.0084	0.6229	0.0248	0.7539	0.0533	0.9134	0.1149
1.9	0.4884	0.0086	0.6399	0.0254	0.7745	0.0548	0.9384	0.1180

公称直径 dn	150		225		300		400	
管内径 D_i（m）	0.150		0.225		0.30		0.40	
波度 I ‰	v m/s	Q m³/s	v m/s	Q m³/s	v m/s	Q m³/s	v m/s	Q m³/s
2.0	0.5011	0.0089	0.6566	0.0261	0.7947	0.0562	0.9628	0.1211
2.2	0.5255	0.0093	0.6886	0.0274	0.8334	0.0590	1.0097	0.1270
2.4	0.5489	0.0097	0.7192	0.0286	0.8712	0.0616	1.0554	0.1326
2.6	0.5713	0.0101	0.7486	0.0298	0.9068	0.0641	1.0985	0.1380
2.8	0.5929	0.0105	0.7768	0.0309	0.9410	0.0665	1.1400	0.1433
3.0	0.6137	0.0108	0.8033	0.0320	0.9741	0.0689	1.1800	0.1483
3.5	0.6628	0.0117	0.8685	0.0345	1.0512	0.0744	1.2746	0.1602
4.0	0.7086	0.0125	0.9285	0.0369	1.1238	0.0795	1.3615	0.1712
4.5	0.7516	0.0133	0.9849	0.0392	1.1930	0.0843	1.4452	0.1816
5.0	0.7922	0.0140	1.0371	0.0413	1.2565	0.0889	1.5223	0.1914
6.0	0.8679	0.0153	1.1372	0.0452	1.3775	0.0974	1.6688	0.2097
7.0	0.9374	0.0166	1.2283	0.0488	1.4879	0.1052	1.8025	0.2265
8.0	1.0010	0.0177	1.3118	0.0522	1.5893	0.1124	1.9255	0.2420
9.0	1.0629	0.0188	1.3928	0.0554	1.6857	0.1193	2.0423	0.2568
10.0	1.1204	0.0198	1.4667	0.0584	1.7769	0.1257	2.1528	0.2705
12.0	1.2273	0.0217	1.6067	0.0639	1.9465	0.1377	2.3583	0.2966
14.0	1.3257	0.0234	1.7354	0.0691	2.1025	0.1487	2.5472	0.3201
16.0	1.4172	0.0250	1.8552	0.0738	2.2476	0.1590	2.7231	0.3422
18.0	1.5032	0.0266	1.9677	0.0783	2.3840	0.1685	2.8883	0.3630
20.0	1.5845	0.0280	2.0742	0.0825	2.5129	0.1776	3.0445	0.3826

② 查由相当资料满管塑料管水力计算表经整理而得当粗糙系数 n 取 0.009 与坡度 i 为 0.01 时埋地塑料管的流量、流速表，见表 2-23。

表 2-23　埋地塑料排水管流量计算

名　称			公称直径 (mm)	$d_内$ (mm)	A (m²)	ρ (m)	R (m)	n	I	v (m/s)	q_p (L/s)
PE材质排水管	双壁波纹管	外径系列	110	90	0.00636	0.2826	0.0225	0.009	0.01	0.884	5.62
			125	105	0.00865	0.3297	0.02825			0.980	8.48
			160	134	0.0141	0.4208	0.0335			1.153	16.26
			200	167	0.0219	0.5244	0.0418			1.337	29.28
			250	209	0.0343	0.6563	0.0523			1.552	53.23
			315	263	0.0543	0.8258	0.0657			1.807	98.12
			400	335	0.0881	1.0519	0.0838			2.126	187.3
			500	418	0.137	1.3125	0.1045			2.463	337.43
			630	527	0.218	1.6548	0.1318			2.875	626.75
			800	669	0.351	2.1007	0.1673			3.371	1183.22
			1000	837	0.550	2.6282	0.2093			3.914	2152.7
		内径系列	125	120	0.0113	0.3768	0.03	0.009	0.01	0.071	12.10
			150	145	0.0165	0.4553	0.03625			1.216	20.06
			200	195	0.0298	0.6123	0.04875			1.481	44.13
			225	220	0.0380	0.6908	0.055			1.605	60.99
			250	245	0.0471	0.7693	0.06125			1.725	81.25
			300	294	0.0679	0.9232	0.0735			1.948	132.27
			400	392	0.1206	1.2309	0.098			2.360	284.62
			500	490	0.1885	1.5386	0.1225			2.738	516.11
			600	588	0.2714	1.8463	0.147			3.093	839.44
			800	785	0.484	2.4649	0.1963			3.750	1815.0
			1000	985	0.762	3.0929	0.2463			4.363	3324.6
	缠绕结构壁管		150	145	0.0165	0.4553	0.03625	0.009	0.01	1.216	20.06
			200	195	0.0298	0.6123	0.04875			1.481	44.13
			250	245	0.0471	0.7693	0.06125			1.725	81.25
			300	294	0.0679	0.9232	0.0735			1.948	132.27
			400	392	0.1206	1.2309	0.098			2.360	284.62
			450	441	0.1527	1.3847	0.1103			2.553	389.84
			500	490	0.1885	1.5386	0.1225			2.738	516.11
			600	588	0.2714	1.8463	0.147			3.093	839.44
			700	673	0.356	2.1132	0.1683			3.385	1205.1
			800	785	0.484	2.4649	0.1963			3.750	1815.0
			900	885	0.615	2.7789	0.2213			4.063	2498.7
			1000	985	0.762	3.0929	0.2463			4.363	3324.6

名　称		公称直径 (mm)	$d_内$ (mm)	A (m²)	ρ (m)	R (m)	n	I	v (m/s)	q_p (L/s)
PVC-U 材质 排水 管	平壁管	110	106.2	0.00885	0.3335	0.02655	0.009	0.01	0.988	8.74
		125	121.2	0.0115	0.3806	0.0303			1.078	12.40
		160	155.4	0.01896	0.4880	0.03885			1.273	24.14
		200	194.4	0.02967	0.6104	0.0486			1.478	43.85
		250	242.9	0.0463	0.7627	0.06073			1.715	79.40
		315	306.3	0.0736	0.9618	0.07658			2.002	147.35
		355	345.2	0.0935	1.0839	0.0863			2.168	202.71
		400	389	0.1188	1.2215	0.09725			2.348	278.94
		450	437.7	0.1504	1.3744	0.1094			2.539	381.87
		500	486.2	0.1856	1.5267	0.1216			2.725	505.76
		630	612.8	0.2948	1.9242	0.1532			3.179	937.17
		710	690.6	0.374	2.1685	0.1727			3.443	1287.7
		800	778.2	0.475	2.4435	0.1946			3.729	1771.3
		900	875.6	0.602	2.7494	0.2189			4.033	2427.9
		1000	972.8	0.743	3.0546	0.2432			4.327	3214.9
	双壁波纹管	110	97	0.00739	0.3046	0.02425	0.009	0.01	0.930	6.87
		125	107	0.00801	0.3360	0.02675			0.992	7.95
		160	135	0.0143	0.4239	0.03375			1.159	16.57
		200	172	0.0232	0.5401	0.043			1.362	31.60
		225	194	0.0295	0.6092	0.0485			1.476	43.52
		250	216	0.0366	0.6782	0.054			1.586	58.06
		315	270	0.0572	0.8478	0.0675			1.840	105.25
		355	310	0.0754	0.9734	0.0775			2.018	152.16
		400	340	0.0907	1.0676	0.085			2.146	194.62
		450	383	0.115	1.2026	0.09575			2.323	267.15
		500	432	0.146	1.3565	0.108			2.518	367.63
		630	540	0.229	1.6956	0.135			2.922	669.14
		710	614	0.296	1.9280	0.1535			3.183	942.17
		800	680	0.363	2.1352	0.17			3.407	1236.7
		900	766	0.461	2.4052	0.1915			3.689	1700.6
		1000	864	0.586	2.7130	0.216			3.998	2342.8
	加筋管	150	145	0.0165	0.4553	0.03625	0.009	0.01	1.216	20.06
		225	220	0.0380	0.6908	0.055			1.605	60.99
		300	294	0.0679	0.9232	0.0735			1.948	132.27
		400	392	0.1206	1.2309	0.098			2.360	284.62
		500	490	0.1885	1.5386	0.1225			2.738	516.11
		600	588	0.2714	1.8463	0.147			3.093	839.44
		800	785	0.484	2.4649	0.1963			3.750	1815.0
		1000	982	0.757	3.0835	0.2455			4.354	3296.0

倘若雨水收集管的坡度不是 0.01，而是 i' 时，则其流量可采用如下公式（2-15）计算：

$$Q' = 10Q_0 \sqrt{i'} \qquad (2-15)$$

式中　Q'——坡度为 i' 的塑料排水管内的流量（L/s）；

　　　Q_0——由表 2-23 查得当坡度为 0.01 时，塑料排水管的流量（L/s）；

　　　i'——塑料排水管坡度。

③ 对于满流条件下的聚乙烯材质排水管，其水力计算还可查《埋地聚乙烯排水管管道工程技术规程》（CECS164：2004）的附录 A "满流条件下聚乙烯管管道水力计算图"，见图 2-22、图 22-23。

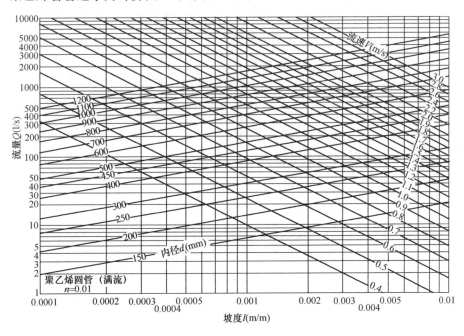

图 2-22　满流条件下聚乙烯管管道水力计算图（内径 150～1200mm）

（3）调蓄水池溢流堰的堰顶标高计算公式

雨水调蓄池设溢流堰的目的是为了保证调蓄水池内雨水的贮存容积。根据《雨水控制与利用工程设计规范》（DB 11/685—2013）第 4.7.6 条规定，溢流堰的堰顶高度由下面公式（2-16）确定：

$$Z_{or} = Z_a + \frac{V_{Tx}}{A_T} \qquad (2-16)$$

式中　Z_{or}——雨水调蓄池内溢流堰的堰顶标高，m。即堰顶距池底的高度；

　　　Z_n——雨水调蓄池内用于回用水的贮存容积对应的距池底的高度，

m。当雨水调蓄池内不贮存雨水回用水时，$Z_n = 0$；

V_{Tx}——池内用于调蓄的雨水容积（m^3）；用公式（2-16）计算；

A_T——雨水调蓄池有效截面积（m^2）。

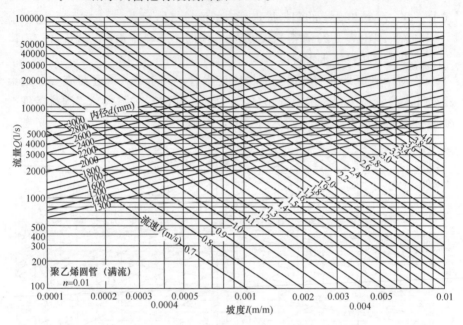

图 2-23　满流条件下聚乙烯管管道水力计算图（内径 1300～3000mm）

例 6　北京地区有一处新开发的综合小区。小区内的屋面及硬性地面已按要求作了雨水入渗和回收处理，为了使小区建成后的雨水径流量不大于开发前的水平，避免发生对下游市政雨水管道的冲击，需要对小区内 3280m² 的沥青道路路面和剩余 1160m² 未作透水处理的混凝土铺砌广场的地面径流雨水作调蓄排放系统。请按有关规范、规程的要求设计、计算该系统。

解　（1）结合现场情况，将该小区雨水调蓄排放系统的流程设成如图 2-24 所示。

（2）计算雨水调蓄池的容积

1）采用公式（2-13）进行计算

$$V_{Tx} = M_{ax}\left[\left(\phi_m Fq - \frac{10000}{t'}\phi_c Fh_y\right)\frac{60}{1000}t_m\right]$$

式中　V_{Tx}——调蓄池容积（m^3）；

ϕ_m——雨水受水面流量径流系数，此处应采用沥青道路路面和混凝土广场不同的流量径流系数。查表 1-1，对沥青路面 ϕ_{m1} =

82

0.65，对混凝土广场 $\psi_{m2}=0.90$；

F——雨水汇水面积（hm²），此处 $F=F_1+F_2$，道路路面面积 F_1 ＝0.328（hm²），广场面积 $F_2=0.116$（hm²）；

q ——北京地区暴雨强度（L/s·hm²）。暴雨强度公式为：

$$q=\frac{2001(1+0.811\lg P)}{(5+8)^{0.711}}$$

t'——调蓄水池内雨水排空的时间（s）。此处取 $t'=10(h)=$ 36000（s）；

ψ_c——雨水径流系数。查表 1-1，对沥青路面 $\psi_{c1}=0.50$，对混凝土 广场 $\psi_{c2}=0.85$。则综合雨水径流系数为：

$$\psi_c=\frac{\sum\psi_{ci}F_i}{\sum F_i}=\frac{0.50\times0.328+0.85\times0.116}{0.328+0.116}$$

$$=0.591$$

h_y——设计雨水降雨厚度（mm）。北京地区，$h_y=81$（mm）；

t_m——调蓄池蓄水历时（min）。可从 10、20……120min 取值。

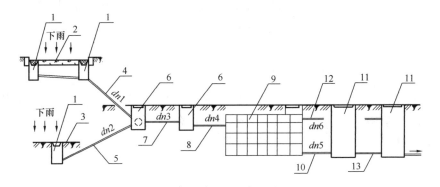

图 2-24 雨水调蓄排放系统示意图

1—带挂篮的雨水口；2—主干道路面；3—混凝土广场；4—主干道路面雨水管；5—混凝土 广场雨水管；6—雨水收集井；7—主干道面和混凝土广场雨水干管；8—雨水调蓄池进水 管；9—塑料模块雨水调蓄池；10—雨水调蓄池出水管；11—市政雨水检查井；12—雨水调 蓄池溢流管；13—市政雨水管

将各参数都代入公式（2-13），简化后得：

$$V_{Tx}=\max\left[\left(\frac{47.55}{(t_m+8)^{0.711}}-0.0354\right)t_m\right]$$

将 t_m 从 5min、10min、15min……120min 代入 V_{Tx} 计算公式，可得如表 2-24 的数值。从数值中看出，当 $t_m=120$（min）时，V_{Tx} 的值最大达到 176.93m³。故初步确定调蓄水池的有效调蓄容积 $V_{TX}=180$（m³）。

表 2-24 V_{Tx}值计算

t_m (min)	5	10	15	20	30	40	50	60
V_{Tx} (m³)	38.20	60.55	76.21	88.26	106.34	119.99	130.76	139.91
t_m (min)	70	80	90	100	110	120		
V_{Tx} (m³)	147.83	154.83	161.11	166.83	172.03	176.93		

参考国家建筑标准设计图集《雨水综合利用》（10SS705）塑料模块组合水池的安装图，每个塑料模块的规格为长 1000mm×宽 500mm×高 400mm，故取塑料模块水池的尺寸为长 20m×宽 4m×高 2.8m，储水空间为 20m×4m×2.4m＝192（m³）。塑料模块水池的空隙率为 95%，故水池的有效储水量为 192m³×95%＝182.4（m³）。大于所要求的 V_{Tx}值。满足要求。

2）采用公式（2-14）进行简化计算

$$T_{Tx} = \max\left[(\psi_m F - 0.2F) \frac{60}{1000} q t_m \right]$$

将 $\psi_{m1}=0.65$、$F_1=0.328$（hm²）、$\psi_{m2}=0.90$、$F_2=0.116$（hm²）、$q=\dfrac{2489.5}{(t_m+8)^{0.711}}$ 代入公式 2-14 简化后得：

$$V_{Tx} = 34.18 \frac{t_m}{(t_m+8)^{0.711}}$$

同样，将 $t_m=5、10、15……120$（min）代入上式，可得如表 2-25 的数值。从数值中看，当 $t_m=120$min 时，V_{Tx} 的值最大达到 130.23m³。在采用简化公式 2-14 进行计算时，可确定调蓄水池的有效调蓄容积为 $V_{Tx}=135$（m³）。

表 2-25 V_{Tx}值计算

t_m (min)	5	10	15	20	30	40	50	60
V_{Tx} (m³)	27.59	43.78	55.17	63.96	77.20	87.19	95.27	102.09
t_m (min)	70	80	90	100	110	120		
V_{Tx} (m³)	108.04	113.32	118.10	122.46	126.49	130.23		

同样，参考国家建筑标准设计图集《雨水综合利用》（10SS705）塑料模块组合水池的安装图，模块水池的尺寸可选长 12m×宽 5m×高 2.8m，储水空间为 12m×5m×2.4＝144m³，有效储水量 144m³×95%＝136.8（m³），大于 V_{Tx}值，满足要求。

从以上计算看出，采用简化公式（2-14）所得的结果明显小于用公式

（2-13）计算的结果，为了安全计，在本例计算中决定采用 $V_{Tx}=180$（m^3）。

（3）调蓄水池溢流管（溢流堰）管内底标高（堰顶标高）的确定

溢流管管内底标高采用公式（2-16）计算：

$$Z_{ov} = Z_n + \frac{V_{Tx}}{A_T}$$

式中　Z_{ov}——雨水调蓄池内溢流堰的堰顶标高（m）。即堰顶距池底的高度；

　　　Z_n——由于本雨水调蓄水池不储存雨水回用水，故 $Z_n=0$；

　　　V_{Tx}——据以上计算，$V_{Tx}=180$（m^3）；

　　　A_T——雨水调蓄池有效截面积（m^2）。$A_T=20\times4=80$（m^2）。

代入公式（2-16）得：

$$Z_{ov} = \frac{180}{80} + 0$$

$$= 2.25(m)$$

即溢流管管内底标高定为距池底 2.25（m）。

（4）系统中管径的确定

1）沥青道路路面径流雨水管管径（见图 2-24 中之 dn_1）

沥青道路路面收集的是路表径流雨水，故它的径流量应采用雨水径流量的计算公式（2-6）

$$Q_{G1} = \psi_{m1} q_1 F_1$$

式中　Q_{G1}——沥青道路路面的径流流量（L/s）；

　　　ψ_{m1}——沥青道路路面的流量径流系数，取 $\psi_{m1}=0.65$；

　　　F_1——沥青道路路面面积（hm^2），$F_1=0.328$（hm^2）；

　　　q_1——北京地区暴雨强度公式，如下：

$$q_1 = \frac{2001(1+0.811\lg P)}{(t+8)^{0.711}}$$

上式中 $P=2a$。t 是路面表面径流时间（min），$t=t_1+mt_2$。t_1 可视为路面初始集水时间，取 $t_1=5$（min）。折减系数 m 取 1。t_2 为雨水在管渠内流行时间（min），沥青路面面积为 3280（m^2），路面宽取 8（m），则路面长约为 $\frac{3280}{8}=410$（m），雨水在雨水收集管内的流速大致以 1m/s 考虑，则 $t_2=\frac{410}{1.0\times60}=6.83$（min）。而 $t=5+6.83=11.83$（min）。代入 q 计算式得：

$$q_1 = \frac{2001\times(1+0.811\lg2)}{(11.83+8)^{0.711}}$$

$$= 297.7(\text{L/s} \cdot \text{hm}^2)$$

代入公式（2-6）有：

$$Q_{G1} = 0.65 \times 297.7 \times 0.328$$

$$= 63.47(\text{L/s})$$

采用 PVC-U 平壁塑料管。现场结合地形可取坡度 $i=0.004$，查表2-20，采用 $dn315$ 规格塑料管，此时的管内满流流量 Q 为 0.0771（m^3/s）$=77.1$（L/s），该值大于 Q_{G1}，故合理。

2）混凝土广场表面径流雨水管管径（见图 2-24 中之 $dn2$）

混凝土广场表面径流雨水量的计算方法与沥青道路路面雨水类同。也采用公式（2-6）：

$$Q_{G2} = \psi_{m2} q_2 F_2$$

式中 $\psi_{m2}=0.90$、$F_2=0.116$（hm^2）。

在计算 q_2 时，由于广场方正，可取 $t_1=10$（min），t_2 取 7.5（min），故有 $t=10+7.5=17.5$（min）。代入 q_2 的计算公式：

$$q_2 = \frac{2001 \times (1+0.811\lg2)}{(17.5+8)^{0.711}}$$

$$= 248.92(\text{L/s} \cdot \text{hm}^2)$$

代入公式（2-6）求 Q_{G2}：

$$Q_{G2} = 0.90 \times 248.92 \times 0.116$$

$$= 25.99(\text{L/s})$$

采用 PVC-U 平壁塑料管。再查表 2-20，采用 $dn250$ 规格塑料管，当 $i=0.004$ 时，管内满管流量 Q 为 0.0416（m^3/s）$=41.6$（L/s），该值大于 Q_{G2}，故选择合理。

3）雨水干管管径（见图 2-24 中之 $dn3$）

在计算雨水干管流量时，其集水时间 t 宜取沥青道路路面与混凝土广场雨水集水时间的大者，即 $t=17.5$（min），此时 $q=248.92$（L/s·hm²）。雨水径流量为：

$$Q_{G3} = \psi_{m3} q_3 F$$

式中 ψ_{m3}——沥青道路和混凝土广场两块汇水面积的综合流量径流系数。

采用公式（1-2）计算：

$$\psi_{m3} = \frac{\psi_{m1} F_1 + \psi_{m2} F_2}{F_1 + F_2}$$

$$= \frac{0.65 \times 0.328 + 0.9 \times 0.116}{0.328 + 0.116}$$

$$= 0.715$$

F——沥青道路和混凝土广场汇水面积之和（m²）。$F = F_1 + F_2 = 0.328 + 0.116 = 0.444$（hm²）。

参数值都代入公式（2-6）后得：

$$Q_{G3} = 0.715 \times 248.92 \times 0.444$$

$$= 79.02(\text{L/s})$$

采用 PVC-U 平壁塑料管。查表 2-20，采用 $dn315$ 规格塑料管，当 $I = 0.004$ 时 $Q_0 = 0.0771$（m³/s）$= 77.1$（L/s）。比 Q_{G3} 偏小一些，需调整管道坡度。调整时采用公式（2-3）和公式（2-4）：

$$q = Av$$

$$v = \frac{1}{n} R^{2/3} I^{1/2}$$

在调整坡度计算时，由于管道规格未变，即管道截面积 A、管道粗糙系数 n 及水力半径 R 不变，故有：

$$\frac{q_1}{q_2} = \sqrt{\frac{I_1}{I_2}}$$

$$I_2 = \left(\frac{q_2}{q_1}\right)^2 I_1$$

式中 $q_1 = Q_0 = 77.1(\text{L/s})$，$q_2 = Q_{G3} = 79.02(\text{L/s})$，$I_1 = 0.004$。代入上式有：

$$I_2 = \left(\frac{79.02}{77.1}\right)^2 \times 0.004$$

$$= 0.0042$$

故塑料排水管的坡度应调整为 4.2‰，才能满足管内流量 79.02（L/s）。

4）雨水调蓄池的进水管管径（见图 2-24 中之 $dn4$）

雨水调蓄池进水管管径可与雨水干管管径（$dn3$）相同，即取 $dn315$ PVC-U 平壁 塑料管，管道坡度保证为 $I = 0.0042$。

5）雨水调蓄池出水管管径（见图 2-24 中之 $dn5$）

雨水调蓄池出水管管径可查表 2-18 估算取值。雨水调蓄池的有效容积 $V_{Tx}=180$（m^3），故出水管管径可取 $dn225$ PVC-U 平壁塑料管。

6）雨水调蓄池溢流管管径（见图 2-24 中之 $dn6$）

为安全考虑，雨水调蓄池溢流管管径可取进水管相同值或大一规格。即 $dn6$ 可取 $dn315$ 或 $dn335$ PVC-U 平壁塑料管。

3 雨水收集利用工程设施介绍

3.1 雨水设施分类图

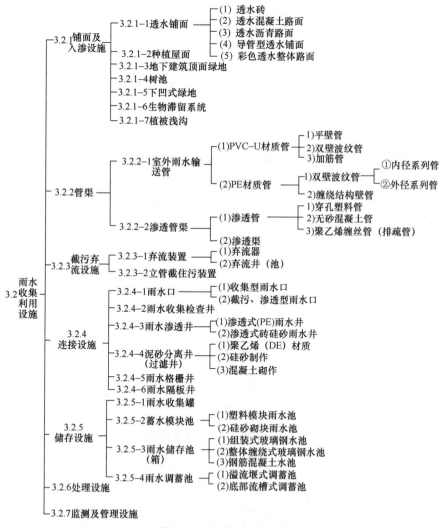

图 3-1 雨水设施分类图

3.2 雨水设施分项介绍

以下以图 3-1 "雨水设施分类图"的编码次序依次介绍。

3.2.1 铺面

3.2.1-1 透水铺面

（1）透水砖

透水砖铺装地面的结构形式见第 2 章中表 2-11 和图 2-7 介绍。

砂基透水砖铺装的典型结构见图 3-2。

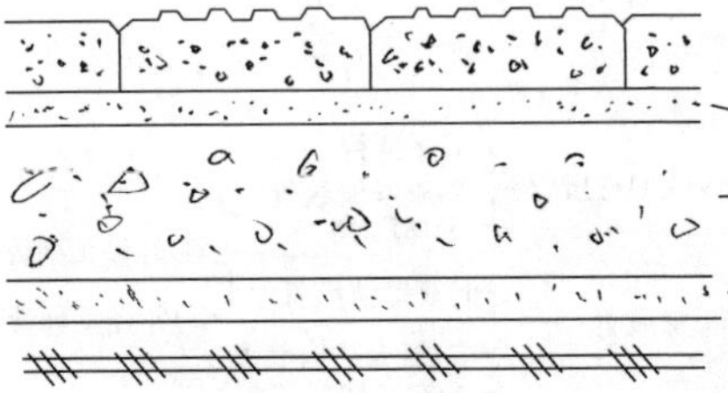

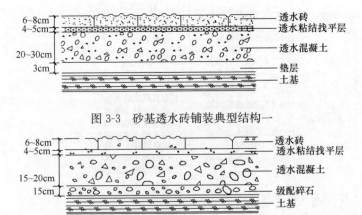

名　称	厚度(mm)	孔隙率(有效)(%)	渗透系数 (cm/s)(透水率)
面　层	40~100	（≥8）≥20	≥1.5×10⁻²
找平层	30~50	—	≥2.0×10⁻²
基层(含底基层)	≥100	≥15	≥2.5×10⁻²
垫　层	40~50	—	—
土基层	—	—	≥1.0×10⁻²

图 3-2　砂基透水砖路面结构图

砂基透水砖在用于车行道和人行道时，可选用如下三种结构：

砂基透水砖铺装典型结构一（图 3-3）铺装典型结构二（图 3-4）适用于车行道。

图 3-3　砂基透水砖铺装典型结构一

图 3-4　砂基透水砖铺装典型结构二

砂基透水砖铺装典型结构三（图 3-5）适用于人行道。

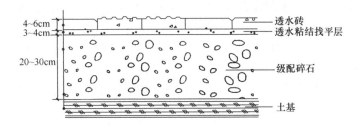

图 3-5　砂基透水砖铺装典型结构三

（2）透水混凝土路面

透水混凝土路面有全透水结构和半透水结构，其适用范围和选用可见表 2-6 所列。

透水混凝土路面的三种结构介绍如下：

1）全透水结构的人行道（图 3-6）基层可采用级配砂砾、级配碎石及级配砾石基层，基层厚度不应小于 150mm。

渗透系数 （mm/s）	孔隙率 （%）	厚度（mm）	名称
≥0.5	≥10	人行道≥80 其他路面≥180	面层
—	≥20	≥150	基层
≥0.1	—	—	路基

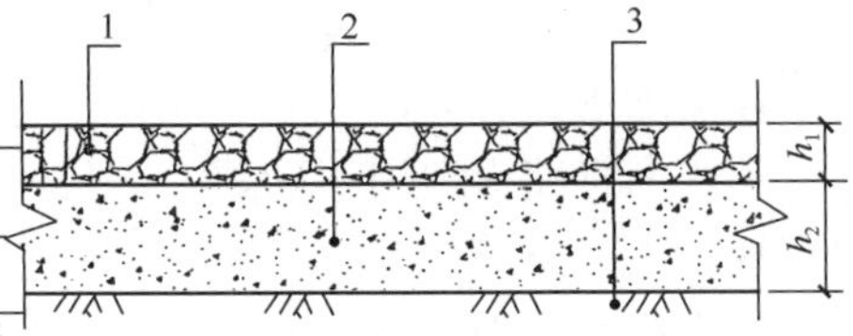

图 3-6　全透水结构的人行道

1—透水水泥混凝土面层；2—基层；3—路基

2）全透水结构的其他道路（图 3-7）级配砂砾、级配碎石及级配砾石基层上应增设多孔隙水泥稳定碎石基层，基层应符合下列规定：

渗透系数 （mm/s）	孔隙率 （%）	厚度（mm）	名称
≥0.5	≥10	人行道≥80 其他路面≥180	面层
—	≥10	≥200	多孔水泥基层
—	≥20	≥150	级配碎石基层
≥0.1	—	—	路基

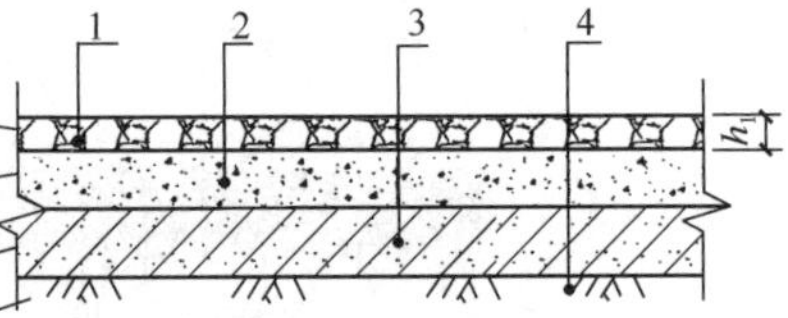

图 3-7　全透水结构的其他道路

1—透水水泥混凝土面层；2—多孔隙水泥稳定碎石基层；

3—级配砂砾、级配碎石及级配砾石基层；4—路基

① 多孔隙水泥稳定碎石基层不应小于 200mm。

② 级配砂砾、级配碎石及级配砾石基层不应小于 150mm。

3）半透水结构（图 3-8）应符合下列要求：

① 水泥混凝土基层的抗压强度等级不应低于 C20，厚度不应小于 150mm。

② 稳定土基层或石灰、粉煤灰稳定砂砾基层厚度不应小于 150mm。

渗透系数 (mm/s)	孔隙率 (%)	厚度(mm)	名称
≥0.5	≥10	轻荷载 道路≥180	面层
—	≥10	≥150	水泥混凝土 基层
—	—	≥150	稳定土类 基层
不渗透至路 基土中	—	—	路基

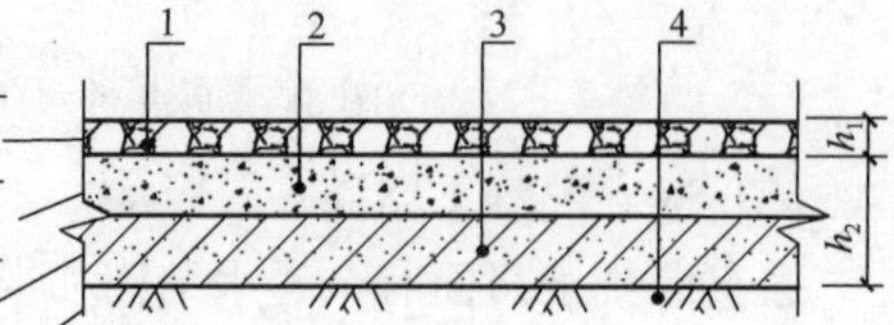

图 3-8　半透水结构形式

1—透水水泥混凝土面层；2—混凝土基层；

3—稳定土类基层；4—路基

（3）透水沥青路面

透水沥青路面适用于新建、扩建、改建的道路工程、市政工程、广场、停车场、人行道等。

透水沥青路面从结构上主要分为面层、基层和垫层，面层一般采用透水沥青混合料；透水基层在面层下，一方面参与路面结构的承载，具有力学强度，另一方面可以作为暂时的储水层；垫层不同于传统路面的垫层，在土基渗透性良好的路面结构如砂性土路基中可以不设置该层，可通过在垫层与土基之间设置土工织物，起到隔离土基细粒料堵塞透水层的过滤作用；当路基土渗透性一般如黏性土，为了改善土基的水温状况，提高路面结构的水稳性和抗冻胀能力，则应当设置砂垫层。透水沥青路面的典型结构见图 3-9。

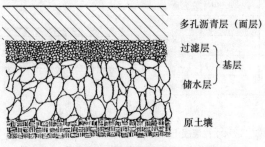

图 3-9　多孔沥青透水性路面（无垫层）

1）透水沥青路面Ⅰ型

透水路面Ⅰ型的结构形式见图 3-10，路表水进入表面层后排入邻近排水设施。路面Ⅰ型也包含路表水进入沥青表面层或进入沥青中下面层排到邻近排水设施的这种类型。

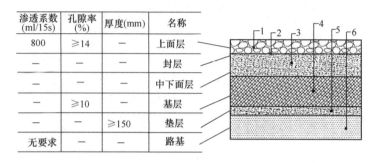

渗透系数 (ml/15s)	孔隙率 (%)	厚度(mm)	名称
800	≥14	—	上面层
—	—	—	封层
—	—	—	中下面层
—	≥10	—	基层
—	—	≥150	垫层
无要求	—	—	路基

图 3-10　透水沥青路面Ⅰ型结构示意图
1—透水沥青上面层；2—封层；3—中下面层；4—基层；5—垫层；6—路基

2）透水沥青路面Ⅱ型

透水路面Ⅱ型的结构形式见图 3-11，路表水由面层进入基层（或垫层）后排入邻近排水设施。

渗透系数 (ml/15s)	孔隙率 (%)	厚度(%)	名称
800	≥14	—	面层
—	≥10	—	基层
—	—	—	封层
—	—	≥150	垫层
无要求	—	—	路基

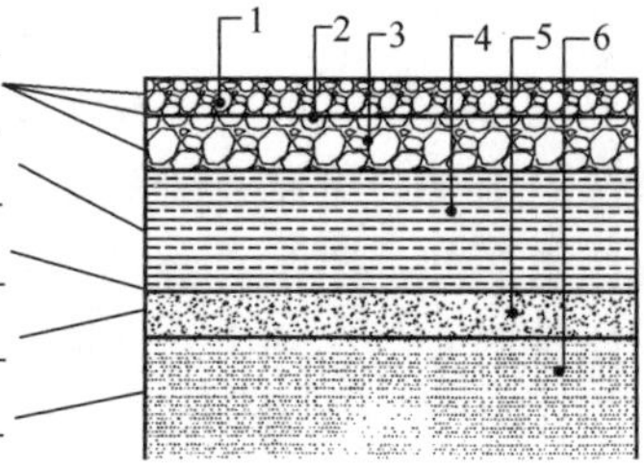

图 3-11　透水沥青路面Ⅱ型结构示意图
1—透水沥青面层；2—透水基层；3—封层；4—垫层；5—路基

透水沥青路面Ⅱ型可采用柔性基层和半刚性基层两种形式的结构，如图 3-12 所示。

3）透水沥青路面Ⅲ型

透水路面Ⅲ型的结构形式见图 3-13，路表水进入路面后渗入路基。

三种类型透水沥青路面的选用原则：

透水沥青路面结构形式可根据道路所处地域的年降雨量和道路使用环境选择。

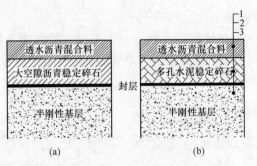

图 3-12　透水沥青路面Ⅱ型两种结构形式

（a）柔性基层；（b）半刚性基层

渗透系数 (ml/15s)	孔隙率 (%)	厚度(mm)	名　称
800	≥14	—	面　层
—	≥10	—	基　层
—	—	≥150	垫　层
—	—	—	反渗隔离层
无要求	—	—	路　基

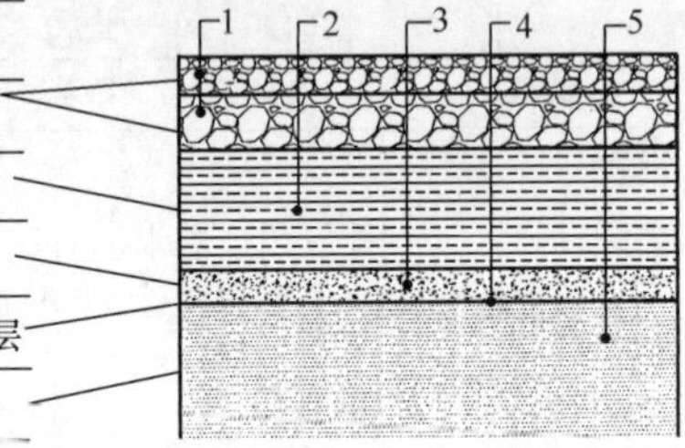

图 3-13　透水沥青路面Ⅲ型结构示意图

1—透水沥青面层；2—透水基层；3—透水垫层；

4—反滤隔离层；5—路基

对需要减小降雨时的路表径流量和降低道路两侧噪声的各类新建、改建道路，宜选用Ⅰ型；对需要缓解暴雨时城市排水系统负担的各类新建、改建道路，宜选用Ⅱ型；路基土渗透系数大于或等于 $7 \times 10^{-5}\,cm/s$ 的公园、小区道路、停车场、广场和中、轻型荷载道路，可选用Ⅲ型。

（4）导管型透水铺面

导管型透水铺面砖铺装是种新型透水铺装结构。它主要由内置带导管支架的混凝土透水面层、碎石（或透水混凝土）基层和土壤层组成。面层内的导管型透水支架是铺面透水透气的关键，见图 3-14、图 3-15。导管型透水支架由聚丙烯（PP）材料制成，透水导管上细下

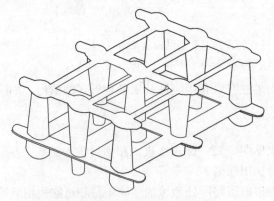

图 3-14　导管型透水铺面导管支架立体图

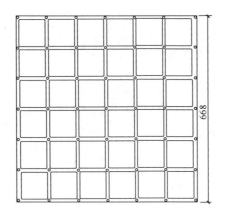

图 3-15　导管型透水铺面导管支架平面图

粗、透气导管上粗下细，平面位置上交错布置。在降雨下渗雨水的过程中，透气导管也可作为透水导管。导管的最小直径为 $\phi10$，正方形布置时导管间距约为 110mm。

导管型透水铺面的结构见图 3-16。

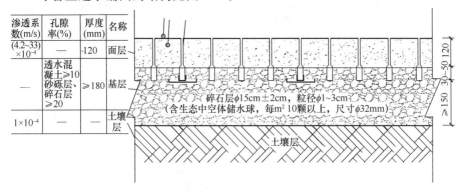

渗透系数(m/s)	孔隙率(%)	厚度(mm)	名称
(4.2~33)×10⁻⁴	—	120	面层
—	透水混凝土≥10 砂砾层、碎石层≥20	≥180	基层
1×10⁻⁴	—	—	土壤层

碎石层 $\phi15cm\pm2cm$，粒径 $\phi1~3cm$（含生态中空体储水球，每 m^2 10颗以上，尺寸 $\phi32mm$）

土壤层

图 3-16　导管型透水铺面结构图

（5）彩色透水整体路面

1）单透水基层结构（图 3-17）

50mm 厚彩色透水型整体路面适用于人行步道、校区道路、休闲广场地面、公园便道等。90mm 厚彩色透水型整体路面适用于大广场、停车场、景观大道及体育馆步道等。

2）双透水基层结构（图 3-18）

彩色透水整体路面的性能：

1）主要成分：天然石子或陶瓷粒料、水泥或环保强力胶、颜料、级配

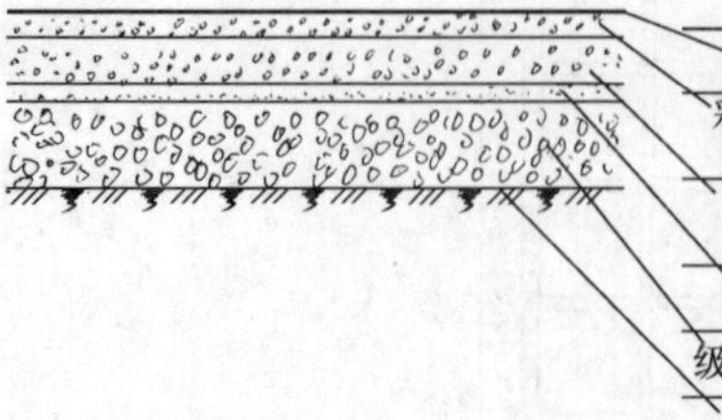

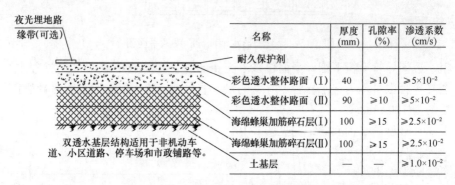

名称	厚度(mm)	孔隙率(%)	渗透系数(cm/s)
耐久保护剂			
彩色透水整体路面（Ⅰ）	30	≥10	≥5×10⁻²
彩色透水整体路面（Ⅱ）	50 90	≥10	≥5×10⁻²
找平层	20		≥2×10⁻²
级配碎石碾压层	200	≥15	≥2.5×10⁻²
土基层	—	—	≥1.0×10⁻²

图 3-17　单透水基层结构示意图

夜光埋地路缘带(可选)

名称	厚度(mm)	孔隙率(%)	渗透系数(cm/s)
耐久保护剂			
彩色透水整体路面（Ⅰ）	40	≥10	≥5×10⁻²
彩色透水整体路面（Ⅱ）	90	≥10	≥5×10⁻²
海绵蜂巢加筋碎石层(Ⅰ)	100	≥15	≥2.5×10⁻²
海绵蜂巢加筋碎石层(Ⅱ)	100	≥15	≥2.5×10⁻²
土基层	—	—	≥1.0×10⁻²

双透水基层结构适用于非机动车道、小区道路、停车场和市政铺路等。

图 3-18　双透水基层结构示意图

碎石、保护剂等。

2）特点：图案多样、路面平整、耐磨、透水性好、能保护土壤湿度。

对于彩色透水路面采用不同强力胶，比较见表 3-1。

表 3-1　彩色透水路面采用不同强力胶比较

采用强力胶品种	聚氨酯类	丙烯酸类	改性环氧树脂类
环保性能	不含溶剂，无异味，无毒	有毒，有异味	有氨水味
附着力	较强	弱	强
颜色持久性	不褪色	一般在 3 个月到半年出现褪色现象	色彩持久较好
耐候性	有一定柔韧度，耐候性好，受气候条件影响小，能适应路面热胀冷缩	耐候性差，脆性大，会脱离	耐候性不好，无弹性，涂层表面容易产生裂痕，会脱离

96

采用强力胶品种	聚氨酯类	丙烯酸类	改性环氧树脂类
施工方法	分层摊铺法，表面需刷保护剂	摊铺后表面必须涂面漆	分层摊铺法，表面需刷保护剂
使用寿命	牢固，使用寿命5～10年	使用寿命一般在半年至一年就会开始脱落	表面易产生裂痕，故会因水腐蚀而造成脱离
维护成本	维护简单	会产生路面龟裂、脱落的维护工作	会产生路面龟裂、脱落的维护工作

施工注意事项：

在做彩色透水整体路面前，应将其下面的土基层进行碾压，压实系数大于等于0.93。

3.2.1-2 种植屋面

种植屋面也称绿色屋顶、屋顶绿化等，根据种植基质深度和景观复杂程度，种植屋面又可分为简单式和花园式，基质深度根据植物需求及屋顶荷载确定，简单式种植屋面的基质深度一般不大于150mm，花园式种植屋面在种植乔木时基质深度可超过600mm。种植屋面的设计可参考《种植屋面工程技术规程》（JGJ 155）。种植屋面的典型构造可见图3-19。

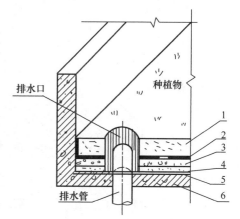

图3-19 种植屋面典型构造示意图
1—基质层；2—过滤层；3—排水层；4—保护层；5—排水层；6—屋面结构

3.2.1-3 地下建筑顶面绿地

《建筑与小区雨水利用工程技术规范》（GB 50400—2006）第6.1.8条指出："地下建筑顶面与覆土之间设有渗排设施时，地下建筑顶面覆土可称为渗透层。"该条文说明提到："地下建筑顶上往往设有一定厚度的覆土做绿化，绿化植物的正常生长需要覆土和建筑顶面之间设渗排管或渗排片材，把多余的水引流走。这类渗排设施同样也能把入渗下来的雨水引流走，使雨水能源源不断地入渗下来，从而不影响覆土层土壤的渗透能力。"

《雨水控制与利用工程设计规范》（DB 11/685—2013）第4.4.3条3款指出："地下建筑顶面覆土层厚度不小于600mm，面层为透水层或绿地，且设有排水片层或渗排水管时，可计为透水铺装层。"其条文说明提到："地下建筑顶面往往设有一定厚度的覆土，此部分地表面如按绿地规划要求不在绿地指标内，则通过增加排水层或渗排水管，可计为透水铺装层。"

地下建筑顶面绿化的做法可参见国家建筑标准设计图集《雨水综合利用》（10SS705）"渗排材料安装说明"，其构造图见图 3-20 示意，并需注意几点：

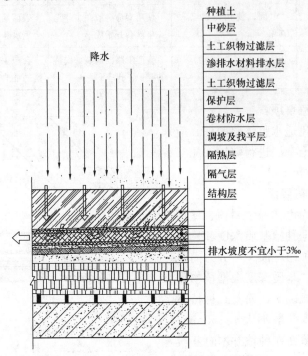

图 3-20　地下建筑顶面绿化排水构造示意图

注：在采用刚性防水屋面或地下车库顶面的情况下，排水层下面的
　　构造可能有所不同

（1）种植土层厚度可参考表 3-2：

表 3-2　种植土层厚度

植物种类	草坪	灌木	浅根乔木	深根乔木
土层厚度（mm）	80～250	300～450	600	1500

（2）渗排水材料排水层由依据不同种植土的土壤渗透系数、地下建筑顶面的有效渗透面积、要求的渗透时间以及安全系数等经水力计算所得的渗透水量来选择其厚度，一般有 15mm、20mm、25mm、30mm 或 50mm 等厚度等级。也可按照《种植屋面工程技术规程》（JGJ 155—2013）第 4.4.1 条，当选用级配碎石渗排水层时，厚度取 100mm，而选用 10～25mm 的陶粒作

为渗排水层时，厚度也为 100mm。

（3）过滤层一般选用 150～300g/m² 的无纺土工布。

3.2.1-4 树池

（1）彩色透水艺术树池

城市道路及广场上树坑的敞口往往多用铁箅子、玻璃钢箅子和水泥箅子覆盖。缺点是不好清扫、易损坏、不美观、寿命短。彩色透水艺术树池是在树木周围留有 150～200mm 的生长空间，其外再铺装用环保强力胶拌和天然彩色石料颗粒，并摊铺在树池表面，既美观又透水透气。其下面铺有级配碎石层组成的透水基层蓄存雨水，使其缓慢供树木吸收。因此，是一种既美观又生态环保的艺术树池。其结构如图 3-21 所示。

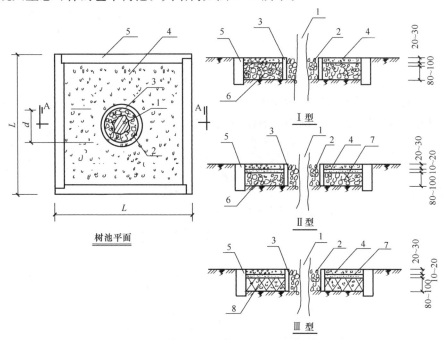

图 3-21　彩色透水艺术树池

1—树径；2—填充卵石；3—树池内缘隔断；4—彩色石料透水层；5—树池外缘石；
6—草籽植入层；7—级配碎石透水基层；8—加强型级配碎石层

彩色透水艺术树池选用要点：

1）树池内缘石内径取值与树径大小有关，一般可取树径值加 250～400mm。对于生长较快的树木，还可适当放大。

2）树池外缘石常用尺寸有 800mm、1000mm、1200mm、1400mm 或 1600mm 供工程选用。也可依据表 3-3 进行选用。

表 3-3　树池尺寸的选用　　　　　单位　mm

树径	≤50	≤100	≤150	≤200	≤300	≤400	≤500
树池内缘隔断内径 d	300	350	450	500	650	750	900
树池外缘石间宽度 L	800	800 (1000)	1000	1000 (1200)	1200	1400	1600
储存雨水量（L）	10	10	15	15	20	25	35

3）树池内摊铺的彩色石料透水层，由天然彩色石料颗粒或彩色陶粒用环保强力胶经搅拌后，现场摊铺在树池内。做法见本章"3.2.1-1"中的介绍。

4）Ⅲ型艺术树池中采用加强型级配碎石层，适用于停车场等路面有一定负荷的场合。

5）彩色石料透水层可依据喜好和需要拼铺成各种花色和图案，施工简单且美观。

（2）池口箅子型树池

池口箅子型树池的敞口常采用铁箅子、玻璃钢箅子和水泥箅子，常用于市政道路两侧或地面径流污染较重的区域。图 3-22 中尺寸为参考值，具体数值应有由设计人员依据现场具体情况确定。

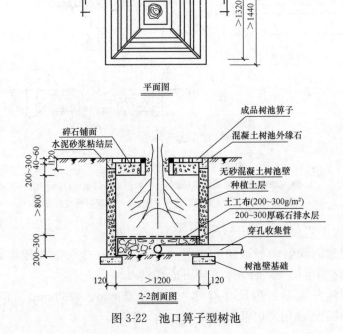

平面图

2-2剖面图

图 3-22　池口箅子型树池

100

树池排水层外侧及底部用土工布包裹时，搭接宽度不应小于 200mm。排水层内穿孔收集管事在树池位于地下建筑之上，黏土区或湿陷性黄土较重区域，或收集到的树池多余雨水考虑回用时设置。穿孔收集可采用塑料排水管，管径大于 DN150，开孔率为 1‰～3‰之间，树池池壁可采用孔隙率大于 20%的无砂混凝土浇灌。

该类型树池的缺点：

1）池口算子内部及下面易藏污纳垢，不易清理。

2）算子易损坏，寿命短。

3）当树干不在树池中心时，池口算子适应性差。

4）不美观，不适宜旅游景观区。

（3）简易树池

简易树池池口省去了池口算子，其结构件图 3-23 所示。简易树池适用于公园绿地、城市广场等地面径流较轻的区域。

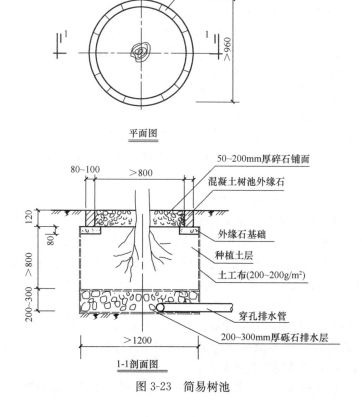

图 3-23　简易树池

简易树池的四周及下面砾石排水层的上、下，均需设置透水土工布，以阻止周围原土侵入。

简易树池的特点：

1）树池池口的碎石铺面易积存脏物，不易清理。

2）做法简单，投资低。

3.2.1-5 下凹式绿地

《建筑与小区雨水利用工程技术规范》（GB 50400—2006）第6.1.1条指出："雨水入渗可采用绿地入渗、透水铺装地面入渗、浅沟与洼地入渗、浅沟渗渠组合入渗、渗透管沟、入渗井、入渗池、渗透管-排放系统等方式。"

可见下凹式绿地和铺砌透水地面是优先选用的雨水入渗设施。

《雨水控制与利用工程设计规范》（DB11/685—2013）第4.1.9条也指出："小区道路、广场及建筑物周边绿地应采用下凹式做法，并应采取将雨水引至绿地的措施。"

同时注意，《建筑与小区雨水利用工程技术规范》（GB 50400—2006）第6.2.1条指出："绿地接纳客地雨水时，应满足下列要求：

（1）绿地就近接纳雨水径流，也可通过管渠输送至绿地；

（2）绿地应低于周边地面，并有保证雨水进入绿地的措施；

（3）绿地植物宜选用耐淹品种。"

在下凹式绿地设计时，应注意以下几点：

（1）下凹式绿地的入渗能力

《建筑与小区雨水利用工程技术规范》（GB 50400—2006）第6.3.7条指出："下凹绿地受纳的雨水汇水面积不超过该绿地面积2倍时，可不进行入渗能力计算。"

（2）雨水调蓄设施不包括下凹式绿地

《雨水控制与利用工程设计规范》（DB11/685—2013）第4.2.3条1、2）款："雨水调蓄设施包括：雨水调节池、具有调蓄空间的景观水体、降雨前能及时排空的雨水收集池、洼地以及入渗设施，不包括仅低于周边地坪50mm的下凹式绿地。"

（3）下凹式绿地的占比

《雨水控制与利用工程设计规范》（DB11/685—2013）第4.2.3条2款指出，北京地区"凡涉及绿地率指标要求的建设工程，绿地中至少应有50%为用于滞留雨水的下凹式绿地。"

下凹式绿地的做法，应按照《雨水控制与利用工程设计规范》（DB11/

658—2013）第 4.4.5 条，"下凹式绿地应满足下列要求：

（1）下凹式绿地应低于周边铺砌地面或道路，下凹深度宜为 50～100mm，且不大于 200mm；

（2）周边雨水宜分散进入下凹式绿地，当集中进入时应在入口处设置缓冲设施；

（3）下凹式绿地植物应选用耐旱耐淹的品种；

（4）当采用绿地入渗时可设置入渗池、入渗井等入渗设施增加渗能力。"

综上所述，小区道路两边、建筑物周边以及道路分隔带等处的绿地应设计成下凹式绿地，便于接纳道路、屋面雨水，并应有将道路雨水引入绿地的措施。

图 3-24 为下凹式绿地的做法示意，并应注意以下三点：

（1）下凹式绿地低于周围路面 $H=50\sim100$mm，且下凹深度要根据绿地土质、汇水面积、绿地面积和植被种类等综合考虑；

（2）下凹式绿地内雨水口宜设置在距离路面 200mm 以外的绿地内；

（3）雨水口顶标高应高出绿地并低于路面 10mm。

3.2.1-6 生物滞留系统

生物滞留系统是指在地势较低的区域，通过植物、土壤和微生物系统蓄渗、净化径流雨水的设施，主要包括雨水花园、雨水湿地等。生物滞留设施适用于：

（1）建筑与小区内建筑、道路及停车场的周边绿地；

（2）城市道路分隔带等适合做滞留雨水的场所；

（3）对于污染较大的屋面、场地以及集中收集处理雨水的绿地。

生物滞留设施可与景观结合，做成多种形式。具有径流控制效果好，建设与维护费用较低的优点；但在地下水位与岩石层较高、土壤渗透性能差、地形较陡的地区，应采取必要的换土、防渗、设置阶梯等措施避免次生灾害的发生。

生物滞留设施在设计时应满足以下要求：

（1）在滞留污染严重的地面、道路及屋面雨水时，应选用植被浅沟、前池等对雨水径流进行预处理，去除大颗粒的污染物并减缓流速，污染较小的屋面径流雨水可由管道接入滞留设施，场地及人行道径流可通过路牙豁口分散流入；

（2）屋面雨水可由雨落管接入，道路雨水可通过路缘石豁口进入，路缘石豁口尺寸和数量应根据道路纵坡等经计算确定；

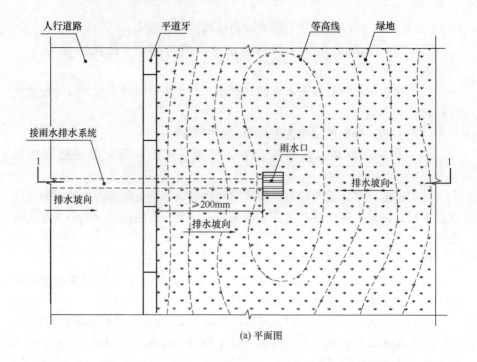

(a) 平面图

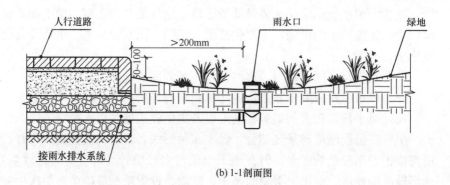

(b) 1-1剖面图

图 3-24　下凹式绿地做法

（3）用于道路绿化带时，若道路纵坡大于 1%，应设置挡水堰、台坎，以减缓流速并增加雨水渗透量；设施靠近路基部分应进行防渗处理，防止对道路路基安全性造成影响；

（4）应设溢流设施，溢流设施可采用溢流竖管、盖箅溢流井或雨水口等，溢流设施顶标高应低于汇水面 100mm；

（5）应设排空措施，当水质变差或需要换种植土时需放空滞留雨水；

（6）当用于调蓄时，其排放要求同调蓄池。

《雨水控制与利用工程设计规范》（DB11/685—2013）第 4.4.6 条也对生物滞留设施的设计作了类似的规定。

图 3-25 为生物滞留系统的做法示意图，并说明几点：

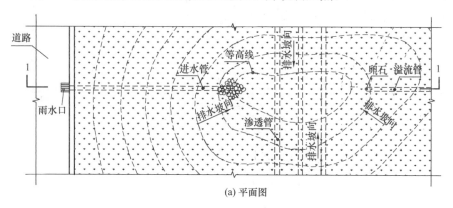

(a) 平面图

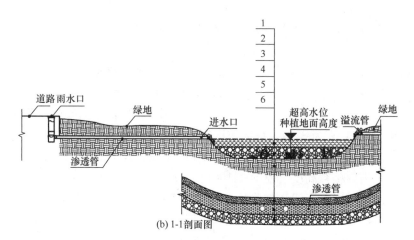

(b) 1-1 剖面图

图 3-25　生物滞留系统做法

①生物滞留系统内植物宜选用耐淹耐旱类灌木及草花类植物；

②生物滞留系统排水纵坡宜设置为 0.3%～5%；

③进水口及溢流管口周围铺设卵石等截污装置，过滤树叶、泥草等杂质；

④溢流管宜高出进水口 50～100mm；

⑤溢流管接周边雨水管或周围低洼绿地；

⑥1-1 剖面图的取值：

1-100mm 超高水层；2-200～300mm 蓄水层；3-300～1000mm 未压实的种植土；4-100mm 砂层；5-200～300mm 砾石排水层（内设渗排水管）；6-大于 300mm 砾石调蓄层。

在道路与人行道之间的绿化隔离带内也可设置生物滞留设施，用以处理初期雨水。此时的做法参见图 3-26。

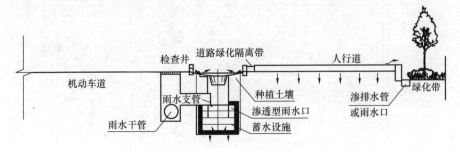

3-26　道路中间生物滞留设施示意图

3.2.1-7　植被浅沟

植被浅沟是小区地表雨水常用的输送方法。

《雨水控制与利用工程设计规范》（DB11/685—2013）第 4.5.2 条指出："地表雨水输送可选择植被浅沟，植被浅沟应满足下列要求：

（1）浅沟断面形式宜采用抛物线形、三角形或梯形；

（2）浅沟顶宽宜为 500～2000mm，深度宜为 50～250mm，最大边坡（水平：垂直）宜为 3：1，纵向坡度宜为 0.3%～5%，沟长不宜小于 30m；

（3）浅沟最大流速应小于 0.8m/s，曼宁系数宜取 0.2～0.3；

（4）沟内植被高度宜控制在 100～200mm。"

具体使用时，有浅沟与洼地入渗和浅沟渗渠组合等渗透设施。

《建筑与小区雨水利用工程技术规范》（GB 50400—2006）第 6.2.3 条指出："浅沟与洼地入渗应符合以下要求：

（1）地面绿化在满足地面景观要求的前提下，宜设置浅沟或洼地；

（2）积水深度不宜超过 300mm；

（3）积水区的进水宜沟长多点分散布置，宜采用明沟布水；

（4）浅沟宜采用平沟。"

《建筑与小区雨水利用工程技术规范》（GB 50400—2006）第 6.2.4 条给出了浅沟渗透组合设施的要求："浅沟渗渠组合渗透设施应符合下列要求：

（1）沟底表面的土壤厚度不应小于 100mm，渗透系数不应小于 1×10^{-5}

m/s；

（2）渗渠中的砂层厚度不应小于 100mm，渗透系数不应小于 1×10^{-4} m/s；

（3）渗渠中的砾石层厚度不应小于 100mm。"

图 3-27 为植被浅沟的做法示意，对于图中内容说明几点：

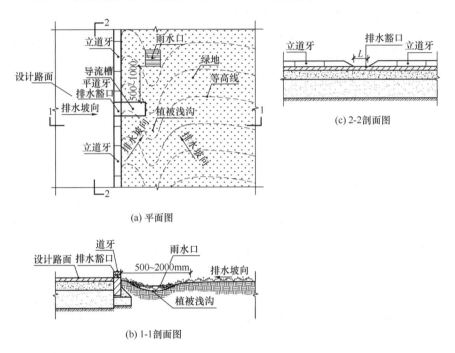

图 3-27　植被浅沟做法

①植被浅沟内植物宜选用耐淹耐旱类灌木及草花类植物；

②雨水口高出沟底 50～100mm，每隔 40m 宜设置雨水口；

③渗透管敷设时应在四周设置不小于 100mm 厚的碎石层，渗透层外包透水土工布，土工布的搭接宽度不小于 200mm；

④当采用立道牙时，应预留排水豁口，间隔 30～40m。

3.2.2　管渠

3.2.2-1　室外雨水输送管

该部分内容可详见 2.2 节（5）和 2.5 节 1.（2）的内容。可埋地用的塑料管的规格及其平均内径见表 3-4。

表 3-4　埋地塑料排水管的平均内径　　　单位：mm

管道种类 公称直径（mm）	PE 材质			PVC-U 材质		
	双壁波纹管		缠绕结构壁管	平壁管	双壁波纹管	加筋管
	外径系列	内径系列				
110	90	—	—	106.2	97	—
125	105	120	—	121.2	107	—
150	—	145	145	—	—	145.0
160	134	—	—	155.4	135	—
200	167	195	195	194.4	172	—
225	—	220	—	—	194	220.0
250	209	245	245	242.9	216	—
300	—	294	294	—	—	294.0
315	263	—	—	306.3	278	—
355	—	—	—	345.2	310	—
400	335	392	392	389	340	392.0
450	—	441	—	437.7	383	—
500	418	490	490	486.2	432	490.0
600	—	588	588	—	—	588.0
630	527	—	—	612.8	540	—
700	—	—	673	—	—	—
710	—	—	—	690.6	614	—
800	669	785	785	778.2	680	785.0
900	—	—	885	875.6	766	—
1000	837	985	985	972.8	864	982.0

3.2.2-2　渗透管渠

（1）渗透管

1）穿孔塑料管

产品规格（mm）：φ110～φ355。

适用范围：常与渗透式雨水井及渗透式弃流井等结合使用，也可单独使用，通常置于绿地下，也可置于人行道下。

材质及功能：选用 HDPE 材质的穿孔管道，可以承受较大的荷载。不仅有良好的渗透效果，同时与雨水渗透井、弃流井的连接方式更加简便牢固。雨水渗透管的使用可以达到回补地下水的功能，是市政工程及雨水入渗工程的首选产品。

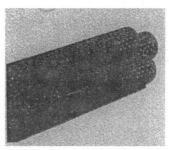

由聚乙烯材质制成的穿孔渗透管见图 3-28。

图 3-28　聚乙烯穿孔渗透管

2）无砂混凝土管

无砂混凝土管系从井径管发展而来，如图 3-29 所示。

图 3-29　无砂混凝土管

该类管最小直径为 D200，大管径可以做得很大。

3）聚乙烯缠丝管

聚乙烯缠丝管由聚乙烯塑料丝用机械缠绕而成，见图 3-30。

产品规格（mm）：φ50～φ100。

适用范围：常与渗透式雨水井及渗透式弃流井等结合使用，也可单独使用。通常置于绿地下，也可置于人行道下。

材质及功能：选用聚乙烯材质的管道，其承压性能出色，在雨水渗透工程中更有利于雨水的地下入渗，雨水渗透管的使用可以达到回补地下水的功能。

其他类似的渗透管还有软式透水管，见图 3-31。

图 3-30　聚乙烯缠丝管

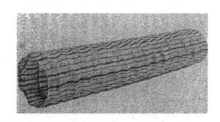

图 3-31　软式透水管

产品规格（mm）：φ50～φ300。

适用范围：多采用小直径的软式透水管，以比较小的间隙密布在土层中，用于收集和排出土壤中的滞水。

材质及功能：以外覆聚氯乙烯的弹簧为架，以渗透性土工布及聚合纤维编织物为管壁的复合型管材。埋设于土壤中，常作为集水毛细管使用。

渗透管的断面做法如图 3-32 所示。

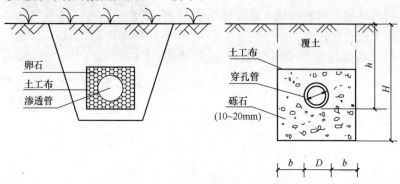

图 3-32　渗透管断面做法

渗透管不宜设在行车路面下的原因有二，一是渗透管设有渗透层，在施工期间由于工期较紧和砾石层的撑托作用，周边、上层土壤难以夯实，当雨水进入渗透管后由于水的渗透和自沉作用，形成"水夯"现象，路面下沉较为明显，对道路路基、路面造成较为明显的负面影响；二是路面重行车辆通行时，容易对渗透管及渗透层造成破坏。因此，渗透管不应设在车型道路下，当横穿道路时，道路下和道路外延 1.5m 处不应采用渗透管，可采用一般排水管。

渗透管（渠）的主要优点是占地面积小，便于在城区及生活小区设置，它可以与雨水管系、渗透池、渗透井等综合使用，也可以单独使用。其缺点是一旦发生堵塞或渗透能力下降，地下式管沟很难清洗恢复。而且由于不能充分利用表层土壤的净化功能，对雨水水质有要求，应采取适当预处理，不含悬浮固体。在用地紧张的城区，表层土壤渗透性很差而下层有透水性良好的土层、旧排水管系的改造利用、雨水水质较好、狭窄地带等条件下较适用。一般要求土壤的渗透系数 K 明显大于 $6 \times 10^{-6} \mathrm{m/s}$，距地下水位应有 1m 以上的保护土层。

中心渗透管一般采用 PVC 穿孔管、钢筋混凝土穿孔管制成，开孔率不小于 2%。管四周填充砾石或其他多孔材料；砾石外包土工布，防止土粒进入砾石孔隙发生堵塞，以保证渗透顺利进行。

在该系统中渗透管的埋设往往有 $i=0.01$ 的坡度，此时，渗透管的埋设断面如图 3-33 所示。图 3-34 为渗透排放一体化系统的示意图。

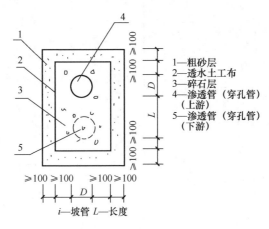

1—粗砂层
2—透水土工布
3—碎石层
4—渗透管（穿孔管）（上游）
5—渗透管（穿孔管）（下游）

i—坡管 L—长度

图 3-33　带坡度渗透管断面图

（2）渗透渠

渗透渠的断面如图 3-35 所示。各种形式渗透渠见图 3-36。

3.2.3　截污、弃流设施

3.2.3-1　弃流装置

各种弃流设施的技术特性比较见表 3-5。

表 3-5　弃流设施技术特性比较

功能	把初期径流雨水隔离出来，一般可使后续雨水的主要污染物平均浓度不超过：$COD_{Cr}70\sim100mg/L$；SS $22\sim40mg/L$；色度 $10\sim40$ 度		
类型	容积式	雨量计式	流量式
原理	水箱（池）贮存弃流雨水，用水位判别并控制弃流量	用雨量计判别并控制弃流量	用流量计判别并控制弃流量
特点	现场制作或成品装置，技术简单，维护方便，便于集中设置	技术较复杂	技术复杂
		成品装置，便于分散设置，可以不设弃流池	
设置位置	蓄水池前端 建筑雨水管道的末端	可设在雨水管道上	
应用场所	屋面雨水收集 地面雨水收集系统	屋面雨水收集系统	
需要弃流的情况	雨季开始时的降雨，时间相隔 $3\sim7d$ 以上的降雨		

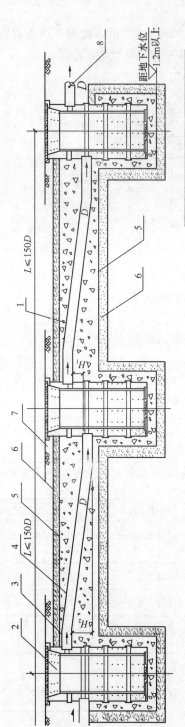

编号	名称
1	雨水进水管
2	渗透式雨水检查井
3	穿孔管
4	碎石层
5	透水土工布
6	粗砂层
7	回填土
8	雨水出水管

图 3-34 渗透排放一体化系统示意图

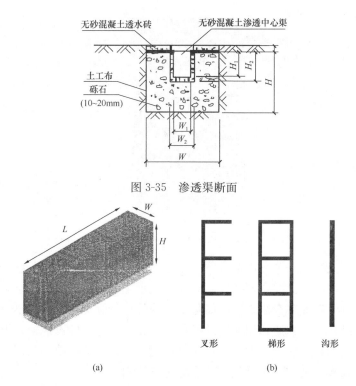

图 3-35 渗透渠断面

图 3-36 各种形式渗透渠

(a) 镂空塑料模块拼装；(b) 各种形式布置的渗透渠

(1) 弃流器

弃流器参见图 3-37～图 3-39。

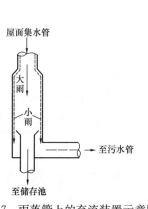

图 3-37 雨落管上的弃流装置示意图

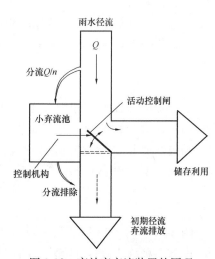

图 3-38 高效率弃流装置的原理

113

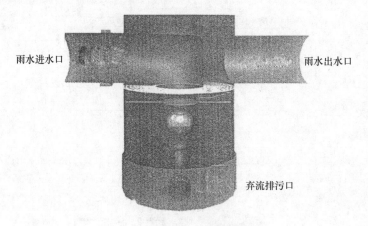

雨水进水口　　　　　　　　　　　　　雨水出水口

弃流排污口

图 3-39　初期雨水弃流过滤装置

　　各种弃流装置一个突出的难题就是在随机降雨条件下，既要达到高效率地控制初期径流，又要合理地控制弃掉的雨水量和最大限度地减小弃流装置的体积。其中高效率弃流装置，简化了系统的运行管理，提高了整个系统的效率。既结合了容积法和切换法的优点，又克服了它们的不足。用于较大规模的雨水利用系统优越性尤为突出。这种装置已经在一些雨水利用工程中应用，还可以有效地用于城市径流非点源污染控制工程。

　　图 3-39 就是针对这一问题开发的高效率弃流装置（车伍，王文海，李俊奇，雷启华，国家发明专利技术，2003）。该装置基于多年的连续监测和大量数据统计分析，掌握了城市汇水面初期雨水的污染规律和对不同的集水面合理的初期雨水控制量，设计仅用 $1/n$ 的初期雨量来实施对全部初期雨水量的控制并可自动运行。弃流池体积可缩小到普通容积法的 $1/n$，大幅度减少了弃流池的土建费用，显著地改善了调蓄池中的雨水水质，减少了雨水量的损失。

　　（2）弃流井（池）

　　由于降雨和径流过程均表现出初期水质差而流量小的特点，可以考虑将初期雨水弃流管设计为分支小管，初期水质差的小流量首先通过小管排走，超过小管排水能力的后期径流再进入雨水收集系统，图 3-40 是小管分流式雨水弃流井示意图，需要控制小管的最小管径以防止大的杂物造成管道堵塞。该法的特点是自动弃流，可以减少切换带来的运行和操作的不便。

　　图 3-41～图 3-43 为容积法初期雨水弃流池的三种设置方案。

　　还有一种称为渗透式弃流井的设施，见图 3-44。介绍如下：

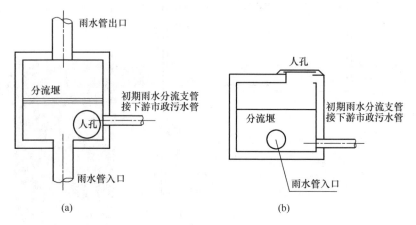

图 3-40 小管分流式雨水弃流井示意图

（a）平面图；（b）剖面图

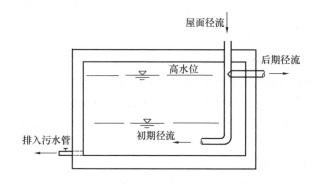

图 3-41 容积法初期雨水弃流池示意图（方案一）

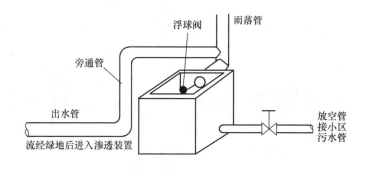

图 3-42 容积法初期雨水弃流池示意图（方案二）

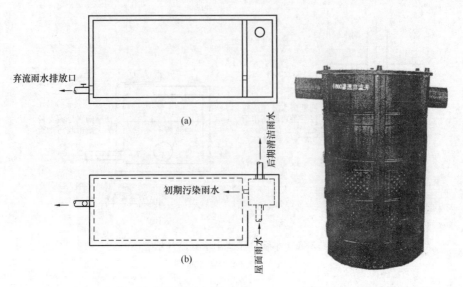

图 3-43　容积法初期雨水弃流池示意图（方案三）　　　　图 3-44　渗透式弃流井
（a）剖面图；（b）平面图

渗透式弃流井规格（mm）：φ800；$H=1400$。

适用范围：常设置在屋面雨水收集系统排出管始端。

材质及功能：φ800 渗透式弃流井采用 LDPE 材质。井体可去除降雨过程中初期雨水中的杂质。其内部结构科学。安装后，不易损坏，只需定期清理即可。

3.2.3-2　立管截污装置

截污滤网装置。屋面雨水收集系统主要采用屋面雨水斗、排水立管、水平收集管等。沿途可设置一些截污滤网装置拦截树叶、鸟粪等大的污染物，一般滤网的孔径为 2～10mm，用金属网或塑料网制作，可以设计成局部开口的形式以方便清理，格网可以是活动式或固定式。图 3-45 是建筑雨水管

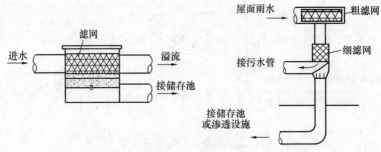

图 3-45　建筑雨水管上设置的截污滤网示意图

116

上设置的截污滤网，图 3-46 是雨水斗上设置的截污装置。截污装置可以安装在雨水斗、排水立管和排水横管上，应定期进行清理。

花坛渗滤净化装置。可以利用建筑物四周的一些花坛来接纳、净化屋面雨水，也可以专门设计花坛渗滤净化装置（图 3-47），既美化环境，又净化雨水。屋面雨水经初期弃流装置后再进入花坛渗滤净化，能达到较好的净化效果，在满足植物正常生长要求的前提下，尽可能选用渗滤速率和吸附净化污染物能力较大的土壤填料，要注意进出口设计，避免冲蚀及短流。一般 0.5m 厚的渗透层就能显著地降低雨水中的污染物含量，使出水达到较好的水质。

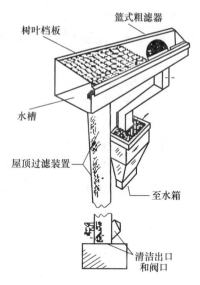

图 3-46 雨水斗上设置的
截污装置示意图

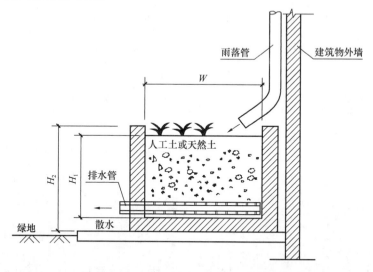

图 3-47 花坛渗滤净化装置示意图

3.2.4 连接设施

3.2.4-1 雨水口

（1）收集型雨水口

收集型雨水口没有渗透功能，故它与一般室外雨水系统的雨水口没什么两样，可用砖、混凝土砌筑，或者用 PE 或玻璃钢整体制作。

《建筑与小区雨水利用工程技术规范》（GB 50400—2006）第 5.5.3 条规定，"雨水口宜设在汇水面的低洼处，顶面标高宜低于地面 10～20mm。"第 5.5.4 条规定，"雨水口担负的汇水面积不应超过其集水能力，且最大间距不宜超过 40m。"

《雨水控制与利用工程设计规范》（DB11/685—2013）第 4.5.5 条规定，"1. 雨水口宜设在汇水面的最低处，顶面标高宜低于排水面 10～20mm，并应高于周边绿地种植土面 40mm 以上。2. 雨水口担负的汇水面积不应超过其排水能力，其最大间距不宜超过 50m……4. 收集利用系统的雨水口应具有截污功能。"

雨水口的泄水能力与其上面的算子种类与数量有关，可查表 3-6：

表 3-6　雨水口的泄水流量

雨水口形式 （算子尺寸为 750mm×450mm）		泄水流量 （L/s）	雨水口形式 （算子尺寸为 750mm×450mm）		泄水流量 （L/s）
平算式雨水口	单算	15～20	边沟式雨水口	双算	35
	双算	35	联合式雨水口	单算	30
	三算	50		双算	50
边沟式雨水口	单算	20	侧立式雨水口	单算	10～15

（2）截污、渗透型雨水口

截污、渗透型雨水口的进口算子有方形和圆形两种，见图 3-48。

图 3-48　雨水口的方形和圆形算子

不带挂篮的渗透井式雨水口没有截污功能，见图3-49所示。

(a) 渗透井式矩形雨水口

(b) 渗透井式圆形雨水口

图3-49　渗透井式水口形式

渗透井式矩形雨水口（LDPE）

$$L \times B \times H = 500mm \times 300mm \times 800mm$$

渗透井式圆形雨水口（LDPE）

$$\phi 600; \ H = 1000mm$$

适用范围：常设置在散水坡下或与重力雨水管道连接，可和雨水弃流井、渗透井、渗透管联合使用组成雨水收集系统网络。

材质及功能：选用LDPE材料，收集屋面和道路雨水，雨水通过井盖的空隙进入本体，对其进行收集与利用。

另一类就是雨水口井口有挂篮的截污、渗透型雨水口，见图3-50。

挂篮大小根据雨水口的尺寸来确定，其长度一般较雨水口略小20～100mm，方便取出清洗格网和更换滤布；其深度应保持挂篮底位于雨水口连接管的管顶以上，一般为300～600mm。

为了保证截污效果，尤其是初期雨水中冲刷的固体物能被截留，而在暴雨时不会因截污挂篮而排水不畅，可以将挂篮分成上下两部分，侧壁下半部分和底部设置土工布或尼龙网。土工布规格应根据所用地点的固体携带物和雨水径流强度等来确定，一般为100～300g/m²，有效孔径50～90μm，其透水能力强，可拦截较小的污染物。为防止截污挂篮堵塞而减小过流能力，一般截污挂篮侧壁上半部分不设土工布，直接利用金属格网自然形成雨水溢流口，金属格网可拦截粗大污染物。

119

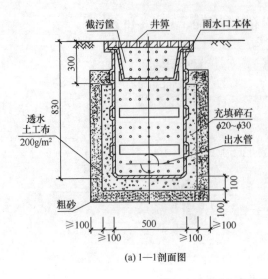

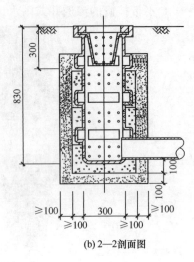

(a) 1—1剖面图   (b) 2—2剖面图

图 3-50　截污、渗透型雨水口图

说明：

1. 成品雨水口为 PE 材质，井壁及井底可开孔，使其具有渗透功能，开孔率应为 1％～3％。

2. 雨水口泄流量 10L/s，出水管直径为 $dn160$。

3. 雨水口应设置在绿地、人行道和非机动车通行场所。

4. 截污框材质为 PE。

5. 截污筐可从雨水口口部抽出进行清掏。

6. 出口管和雨水口的连接可根据需要在工厂加工或在现场开孔。

截污挂篮的构造与应用见图 3-51、图 3-52。

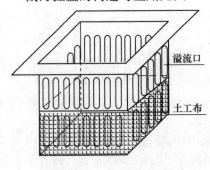

图 3-51　截污挂篮示意图

3.2.4-2　雨水收集检查井

雨水收集检查井一般为圆柱形，可有井盖收集雨水（井盖有箅子功能）的集水检查井和井盖不收集雨水的雨水检查井两类。见图 3-53、图 3-54 材质可为塑料、混凝土砌块等。

雨水检查井规格（mm）：

φ600 雨水检查井（LDPE）

φ600；$H=1000$；

φ800 雨水检查井（LDPE）

φ800；$H=1400$。

适用范围：雨水管路上的雨水检查井。

适用范围：雨水管路上的集水检查井。

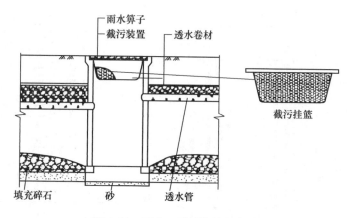

图 3-52 雨水口截污挂篮的应用

图 3-53 雨水检查井   图 3-54 集水检查井

材质及功能：选用 LDPE 材料，主要用于雨水管路的转向和不同方向的雨水管道连接及管道的疏通。

集水检查井规格（mm）：

$\phi 600$ 集水检查井（LDPE）

$\phi 600$；$H=1000$；

$\phi 800$ 雨水检查井（LDPE）

$\phi 800$；$H=1400$。

材质及功能：树脂材料井盖，LDPE 整体井筒。带算井盖，普通井筒，井内有截污筐，检查井有集水截污功能。

3.2.4-3 雨水渗透井

雨水渗透井的结构见图 3-55 所示。

（1）渗透式 PE 雨水井

雨水渗透井按功能分有集水渗透井和溢流渗透井两类，见图 3-56、图 3-57 所示。

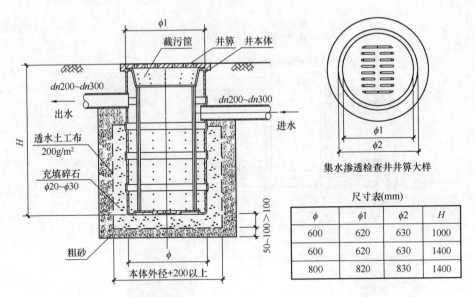

图 3-55 雨水集水渗透检查井图

集水渗透检查井井算大样

尺寸表(mm)

ϕ	$\phi1$	$\phi2$	H
600	620	630	1000
600	620	630	1400
800	820	830	1400

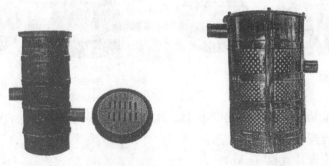

图 3-56 集水渗透井   图 3-57 渗透溢流井

集水渗透井规格（mm）：

LDPE 材质；

$\phi600$；$H=1000$；

$\phi800$；$H=1400$；

适用范围：常置于雨水渗管路的分段连接处，通常设置在绿地内，也可置于行人路面和公园及人行广场。

材质及功能：树脂材料井盖，LDPE 整体井筒。带算井盖，井壁、井底开孔，井内有截污筐，检查井有集水、截污、渗透的功能。

渗透溢流井规格（mm）：

LDPE 材质

ϕ600；H＝1000；

ϕ800；H＝1400。

适用范围：常置于雨水排出管的末端，通常设置在绿地内，也可置于行路面和公园及人行广场，溢流水排入水体。

材质及功能：复合材料井盖，LDPE整体井筒。普通井盖，井壁、井底开孔，有雨水渗透功能。

（2）渗透式硅砂雨水井

入渗井一般用成品或混凝土建造，其直径小于1m，井深由地质条件决定。井底距地下水位的距离不能小于1.5m。渗井一般有两种形式。形式A见图3-58(a) 所示，渗井由砂过滤层包裹，井壁周边开孔。雨水经砂层过滤后渗入地下，雨水中的杂质大部被砂滤层截留。

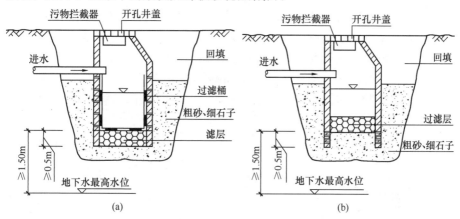

图 3-58　渗透雨水井

(a) A型；(b) B型

渗井B见图3-58(b) 所示，这种渗井在井内设过滤层，在过滤层以下的井壁上开孔，雨水只能通过井内过滤层后才能渗入地下，雨水中的杂质大部分被井内滤层截留。过滤层的滤料可采用 0.25～4mm 的石英砂，其透水性应满足 $K\leqslant1\times10^{-3}$m/s。与渗井 A 相比渗井 B 中的滤料容易更换，更易长期保持良好的渗透性。

渗透井还分深井和浅井两类。前者适用于水量大而集中、水质好的情况，如雨季多余水量的地下回灌。在城区，后者更为常用，作为分散渗透设施。其形式类似于普通的检查井，但井壁和底部均做成透水性，在井底和四周铺设碎石，雨水通过井壁、井底向四周渗透。根据地下水位和地域条件限制等可以设计为深井或浅井，如图 3-59 所示。

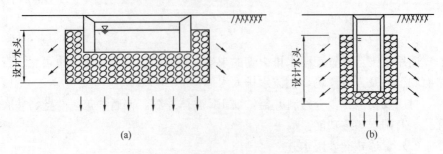

图 3-59　深井式和浅井式渗透井

(a) 浅井；(b) 深井

渗透井的主要优点是占地面积和所需地下空间小，便于集中控制管理；缺点是净化能力低，水质要求高，不能含过多的悬浮固体，需要预处理。

渗透井设计时可以选择将雨水口及雨水管线上的检查井、结合井等改为渗井，渗井下部依次铺设砾石层和砂层。图 3-56 是将雨水检查井改造成为渗透浅井的两种示例做法。图 3-60(a) 的做法主要是依靠渗透井底部的扩散能力，改造较为简单，通常在渗透雨量较小时采用；图 3-60(b) 的做法是将渗透井壁及其连接雨水管均做成透水性，大大提高了渗透能力，但要注意渗透对周边建（构）筑物地基的影响。

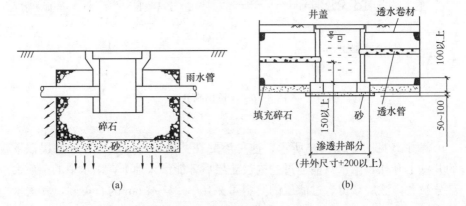

图 3-60　渗透井（单位：mm）

(a) 依靠渗透井底部的扩散能力；(b) 将渗透井壁及其连接雨水管均做成透水性

3.2.4-4　泥砂分离井（过滤井）

泥砂分离井有雨水沉淀和浮渣隔离两种功能。图 3-61 所示为雨水沉淀积泥井、隔油井、悬浮物隔离井示意图，它们可以根据水质条件单独使用。

在泥砂分离井的选择、设计和维护中要注意以下两点：

（1）功能及位置选择。在雨水系统的适当位置可以修建雨水沉淀井或浮

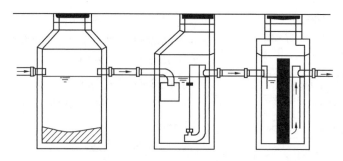

图 3-61　雨水沉淀积泥井、隔油井、悬浮物隔离井示意图

渣隔离井，一般是指设于排水管、排水槽的交汇点，排水管转弯或高程变化处等容易淤积、阻塞的地方。其主要功能是将雨水中携带的可沉淀物和漂浮物进行分离，也可与雨水收集利用的取水口或集水池合建，井下半部沉渣区需要定期清理。

沉淀井或浮渣隔离井的数量、位置、具体形式等要考虑安全、地面交通、地面环境等影响因素，经过技术经济比较后确定。

（2）设计与维护。沉淀井可按平流式沉砂池或旋流式沉砂池来设计。浮渣隔离井可以参照隔油井进行设计，也可在沉渣井内设置简易格栅。

它与普通雨水检查井的不同之处在于，井内的出水口设置在较高的中间部位，出水口以下有一个沉积固体物的沉淀区，表面漂浮物由上部的挡板隔离，这种截污井可截留较大的可沉固体和漂浮物，但对沉淀速率慢的细小颗粒、胶体物以及溶解性污染物的去除效果差。需要及时清理井内截留的污染物。

泥砂分离井的另一种型式是过滤井。过滤井的种类较多，图 3-62、图

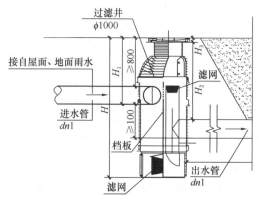

图 3-62　过滤井大样

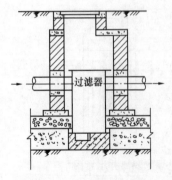

图 3-63　复合流过滤器井

3-63 是其中两种。图 3-62 中作为过滤的单元是井内的滤网，图 3-63 中过滤井的过滤单元是放入井内的小过滤器。

在图 3-62 的过滤井中，有三点要求：

（1）过滤井进、出水口高差不宜小于 100mm。

（2）本图尺寸适用于进、出水管直径为 $dn200 \sim dn500$。

（3）过滤井大样仅适用于进水管管径为 $dn200 \sim dn250$ 的情况，其他管径时过滤井内不设挡板和下部滤网。

3.2.4-5　雨水格栅井

雨水格栅井属于雨水预处理设施，一般用于地面雨水在收集、渗透及回用前的预处理用，用以去除地面雨水中的树枝、大颗粒固体等杂物。它是将条状格栅放入检查井而成，定时清理以利功能发挥。

3.2.4-6　雨水隔断井

雨水隔板井如图 3-64 所示。它一般用来保证雨水贮存池或雨水渗透设施内一定容积，一定水位高度时采用。隔板顶端的标高就是储水池或渗透设施内需保持的水位标高。

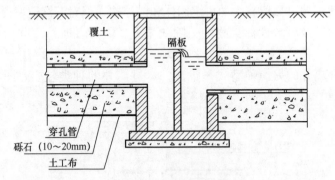

图 3-64　隔板检查井图

3.2.5　储存设施

3.2.5-1　雨水收集罐

雨水收集罐多由塑料或玻璃钢制成。图 3-65、图 3-66 为塑料材质雨水收集罐的实例。

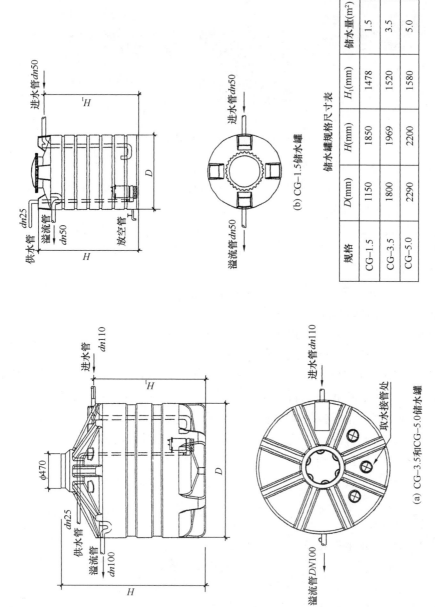

储水罐规格尺寸表

规格	D(mm)	H(mm)	H_1(mm)	储水量(m²)
CG-1.5	1150	1850	1478	1.5
CG-3.5	1800	1969	1520	3.5
CG-5.0	2290	2200	1580	5.0

(b) CG-1.5储水罐

(a) CG-3.5和CG-5.0储水罐

图 3-64　雨水储存罐图

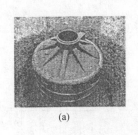

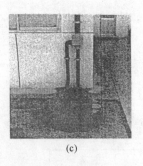

(a)

(b)

(c)

图 3-65 埋地及地上式雨水储存罐

图 3-64 雨水储存罐的两点说明：

（1）CG-1.5、CG-3.5 和 CG-5.0 型雨水储罐选用 PE 材质，适于安放在地面上。收集屋面或其他集流场所的雨水。

（2）适用自动化供水设备将储水用于浇灌绿地、洗车、补充景观水、道路冲洗等多种用途。广泛应用于小型建筑、别墅、洗车场及住宅小区，也可用于农村住宅。

图 3-65 为另一个埋地或地上式雨水储存罐的实例。

图 3-65 中雨水储存罐的产品参数：

产品规格（mm）：3.5t 雨水储水罐（HDPE）ϕ1600；H＝2200。

5t 雨水储水罐（HDPE）ϕ2400；H＝2500。

主要功能：一体化 HDPE 雨水贮存利用设备，是以 HDPE 密封式贮罐为基体，在罐内设置相应的机电设备。罐体可以安放在地面上或者埋入地下，自屋面或者其他集流场所收集的雨水在罐内做简单处理。贮水可以通过自动化设备提供给冲厕、浇灌绿地、洗车、水景等用途。罐内设有水位计量装置，最低水位时限制吸水，提示引入其他水源。

适用范围：该设备可广泛应用于小型建筑、别墅、洗车场、住宅的雨水收集与利用。

3.2.5-2 蓄水模块池

塑料模块雨水池的特点：

（1）耐压强度高，每平方米最高可负载 45t 重量；

（2）地埋式安装，可安装于绿化、广场、停车位下方；

（3）安装方便，土建就位后进行现场拼装，灵活方便；

（4）组合度高，可根据现场实际情况布置为长条形、正方形或者其他不规则形状；

128

（5）蓄水系数高，存水率可达到 96％以上；

（6）成本低廉，比常规混凝土水池节省成本 30％～50％；

（7）材料环保，采用可循环使用的新型材质制成，安全无污染。

图 3-66、图 3-67 为塑料蓄水模块的外观图。

图 3-66　雨水蓄水模块外观图 1

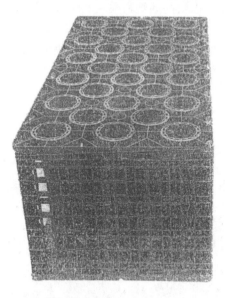

图 3-67　雨水蓄水模块外观图 2

这类塑料模块雨水池的性能如下：

尺寸：长 1200mm×宽 600mm×高 480mm（单块）；

空隙率：≥95％；

耐温：－30℃～120℃；

抗压强度：

标准型 20t/m²；

加强型 30t/m²；

特强型 45t/m²。

另一类塑料模块雨水池如图 3-68 所示。

图 3-68　雨水储水方块

这类雨水储水方块的性能如下：

产品规格(mm)：L×B×H＝1200mm×600mm×420mm。

主要材质及功能：以聚丙烯塑料模块相组合，形成一个地下水池，在水池周围根据工程的需要可以包裹防渗不透水和可以入渗透水的两种土工布，作成贮水型和渗透型的两种不同类型。塑料模块组合的水池安装方便，承载力大。水池上方可作为绿地，种植花草和树木等，起到美化环境的作用。

3.2.5-3　雨水储存池箱

（1）组装式玻璃钢水池

（2）整体缠绕式玻璃钢水池（图 3-69）

图 3-69　蓄水模块池施工现场

这类雨水池由于在工厂内整体缠绕制作，故尺寸灵活、整体性好。

（3）钢筋混凝土水池（图 3-70）

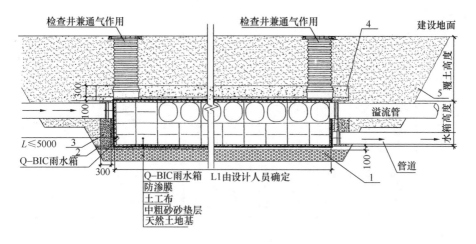

图 3-70　组装式玻璃钢水池剖面

1—粗砂或砂砾层；2—中粗砂砂垫层；3—中粗砂分层回填；

4—中粗砂、细砂土垫层；5—原土分层回填

注：水池高度和宽度应为 0.6m 的整数倍，水池长度 L_1 应为 1.2m 的整数倍。

做法可参考国家建筑标准设计图集《矩形钢筋混凝土蓄水池》（05S804），规格从 50～2000m³。

3.2.5-4　雨水调蓄池

雨水调蓄池推荐有溢流堰式和底部流槽两种类。

（1）溢流堰式调蓄池

通常设置在干管一侧，称为离线式或并联式，调蓄池设有进水管和出水管。进水较高，其管顶一般与池内最高水位持平；出水管较低，其管底一般与池内最低水位持平，见图 2-20。

（3）底部流槽式调蓄池

通常设置在干管上，称为在线式或串联式，雨水从池上游干管进入调蓄池，当进水量小于出水量时，雨水经设在池最低部的渐缩断面流槽全部流入下游干管而排走。池内流槽深度等于池下游干管的直径。当进水量大于出水量时，池内逐渐被高峰时的多余水量所充满，池内水位逐渐上升，直到进水量减少至小于池下游干管的通过能力时，池内水位才逐渐下降，至排空为止，见图 2-21。

3.2.6　处理设施

雨水收集处理工艺因具体工程各种条件的差异有不同的选择，表 3-7 给出的流程供选择处理工艺时参考：

表 3-7　雨水集蓄利用系统流程介绍

序号	雨水利用流程					
1	雨水收集 → 截污装置 → 沉砂槽 → 沉淀槽 → 慢滤装置 → 消毒装置 → 储存利用
2	雨水收集 → 截污装置 → 沉砂槽 → 沉淀槽 → 消毒装置 → 储存利用
3	雨水收集 → 截污装置 → 沉砂槽 → 沉淀槽 → 消毒装置 → 储存利用
4	雨水收集 → 截污装置 → 消毒装置 → 储存利用
5	雨水收集 → 截污装置 → 初期雨水弃流 → 调蓄池（沉淀） → 过滤 → 消毒装置 → 储存利用
6	雨水收集 → 截污装置 → 初期雨水弃流 → 调蓄池（沉淀） → 过滤 → 消毒装置 → 储存利用
7	雨水收集 → 截污装置 → 初期雨水弃流 → 调蓄池（沉淀） → 过滤 → 储存利用
8	雨水收集 → 截污装置 → 初期雨水弃流 → 调蓄池（沉淀） → 活性炭、膜技术等 → 储存利用
9	雨水收集 → 截污弃流 → 雨水生态塘 → 利用
10	雨水收集 → 截污弃流 → 雨水生态塘 → 过滤 → 储存利用
11	雨水收集 → 截污弃流 → 直接过滤 → 储存利用
12	雨水收集 → 湿地处理 → 景观水体利用

表 3-8 给出了雨水利用处理的常用工艺和主要参数：

表 3-8　雨水利用处理工艺主要设计参数

处理工艺	主要参数	设计依据
处理水量	$Q =$ 循环水量	按 3～5d 换水周期确定循环流量，每日运行时间 12～24h，如果包括绿化用水，建议单独设置出水提升设备，处理水量为循环水量与绿化用水量之和
调节池	$V = (4 \sim 6) \times Q$	按处理水量的 4～6h 确定调节池容积，兼顾雨水的调蓄容量，进口应设格栅
初沉池	$T = 0.6 \sim 1.5h$	根据可用地范围确定沉淀池的形状，宜采用斜板沉淀池，斜板间距 80mm，倾角 60°，进水处底部设 1 个小型潜污泵，定期排泥
粗滤池	$T = 1.5 \sim 4.0h$ 气水比 3～5：1	雨水的平均 COD_{Cr} 值较低，并含有一定的溶解氧，所以，利用粗滤的方式，可适当地增加水中的 DO 值、降低 COD_{Cr} 和 SS，同时，兼为精密过滤的前期预处理工序
精密过滤	反冲洗时间 $T = 3min$、反冲洗强度 $\geqslant Q$	精密过滤的主要作用是截留粗滤工艺不能去除的 SS，保持出水水质达到较好的水平

国家建筑标准设计图集《雨水综合利用》（10SS705）中介绍了一种采用成品浮动式过滤器的雨水处理方案，对于采用钢筋混凝土结构的雨水处理方案，可采用筛网过滤池（见图 3-71）和沉淀与碎石过滤（见图 3-72）的雨水处理方案。

国家标准图《雨水综合利用》（10SS705）推荐的雨水处理另一种工艺流程是"混凝-过滤处理流程"，如图 3-73 所示。其处理水可回用于绿化、冲厕等杂用水或补入景观水体，也可用于循环冷却水系统的补水。

图 3-74 所示为实际工程中应用的兼有雨水和景观用水循环处理双重功

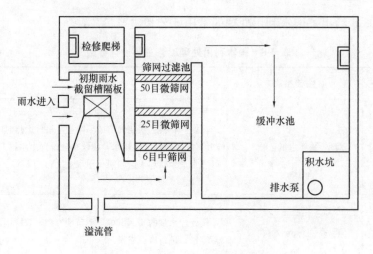

图 3-71 筛网过滤池平面示意图

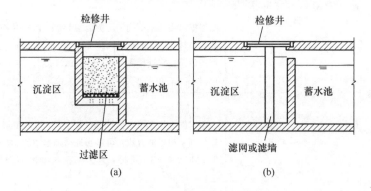

图 3-72 沉淀与碎石过滤及滤网或滤墙过滤处理示意图
(a) 沉淀和碎石过滤池合建的构造示意图；(b) 滤网或滤墙形式的过滤示意图

能的流程。需要补给雨水时，可以从调节池将雨水提升，进入水处理系统；进行循环时，可以将景观水池的回水直接回流至初沉池，省略提升过程，直接进入水处理系统。

在表 3-7 中水处理工艺流程包括雨水收集、雨水处理、雨水利用三部分。

雨水流入调节池后，经潜水泵的提升，以一定的流量进入初沉池，去除大块的、相对密度较大的固体颗粒。然后进入粗滤池，经循环水泵二次提升，由精密过滤设备完成处理过程，以有压流状态将处理后的水送入景观水池。

以下再介绍三种屋顶雨水和庭院雨水的收集处理流程，见图 3-75、图 3-76、图 3-77。

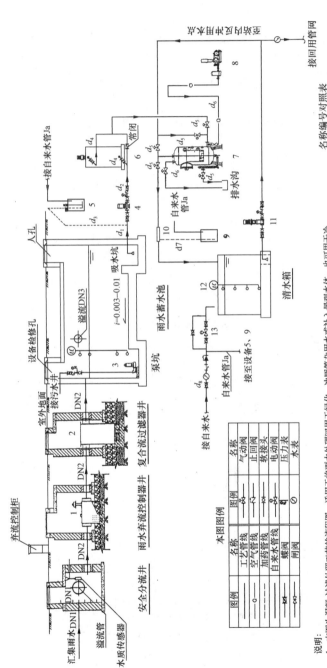

图 3-73 雨水混凝-过滤处理流程图

水图图例

图例	名称	图例	名称
	工艺管线		气动阀
	空气管线		正回阀
	加药管线		软接头
	自来水管线		电动阀
	蝶阀		压力表
	闸阀		水表

名称编号对照表

编号	名称	编号	名称	编号	名称
1	弃流控制器	6	反应器	11	变频供水设备
2	复合流式过滤器	7	浮动床式过滤器	12	液位浮球开关
3	蓄水池排污泵	8	三冲罗茨风机	13	自来水补水
4	浮阀加药装置	9	增压水泵	—	—
5	混凝加药装置	10	消毒加药装置	—	—
			管道混合器		

说明:

1. 本图为混凝-过滤处理工艺的流程图。适用于将雨水处理回用作绿化、冲厕等杂用水或补入景观水体,也可用于冷却循环水。

2. DN1≥DN2, DN3≥DN2, 管路高程需与雨水收集管路高程协调确定。

3. 雨水处理设备位于机房内,该机房可为地下室、建筑或地下室,根据其实际与蓄水池的相对位置关系,确定增压水泵类型。

4. 图中过滤器以浮动床式过滤器为例,也可根据实际需要选择其他过滤介质的过滤器;浮动床式过滤器为气水反冲洗式,致风机选型应考虑气冲洗时所需风量和风压。

5. 消毒利采用次氯酸钠溶液,定量投加。

6. 清水池补水管的管口当有足够的空气隔断时,自来水补水管可在倒流防止器的上游接出。

7. 根据北京净源科技股份有限公司提供的资料编制。

135

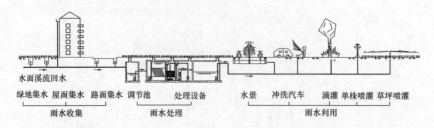

图 3-74　景观用水循环与雨水回用工艺流程图

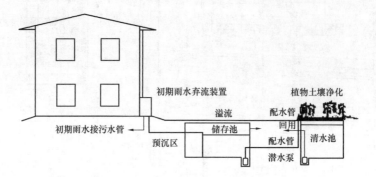

图 3-75　小规模屋面雨水利用工艺图

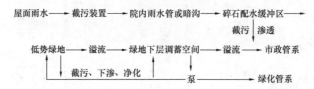

图 3-76　某小区雨水利用工艺流程

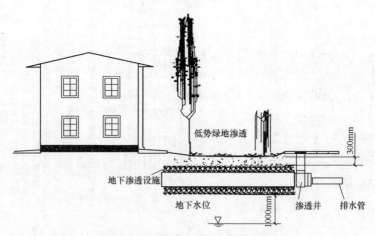

图 3-77　庭院绿地雨水收集渗透图

136

3.2.7 监测及管理设施

降雨属于自然现象，降雨的时间、雨量的大小都具有不确定性，雨水收集、处理设施和回用系统应考虑自动运行，采用先进的控制系统降低人工劳动强度、提高雨水利用率，控制回用水水质，保障人们健康。

雨水收集、处理设施和回用系统宜设置自动控制、远程控制和就地手动控制三种控制方式。各类雨水工程可依据工程规模、重要性和现场条件进行选择和组合。经常监控的指标有水位、流量、雨量、pH 值和浊度等。

雨水收集、储存系统宜监控雨水管、雨水井、储存池内的水位、流量，以及雨水汇集面上的雨量。雨水处理、回用系统中宜监控水质的 pH 值、浊度，储存池内的水位，以及系统补水管、出水管或回用水管网上的流量。雨水处理设施在监测的同时，宜对系统运行实现自动控制。

下面分别介绍雨水系统主要监控参数的设备与方法。

（1）水位计

水位计通常由水位显示、水位传感和控制装置组成。监控雨水水位常用浮球液位计、磁浮筒液位计、浮标式水位计、电容式液位变送器、超声波液位变送器、微带雷达水位计等。各类水位计的性能和特点见表 3-9。

表 3-9 水位计性能和特点

名 称	性 能	特 点
浮球液位计	测量范围 0～10m，输出信号 0～10mA	结构简单，安装方便，但机械部分易失灵，适用于开口容器的各种液面。要求水质清洁，用于雨水易有故障
磁浮筒液位计	测量范围 0.5～4m，输出信号 0～10mA	连续测量，能远距离测量，具有调节、控制、报警功能
浮标式水位计	测量范围 0～30m	用于开口容器内液位测量
电容式液位变送器	测量范围 1～10m，输出信号 4～20mA	结构简单，精度高，无可动部件，能连续测量开口容器内液位
超声波液位变送器	测量范围 1～5m，输出信号 4～20mA	适用于各种液位，各种场合。由换能器和控制器组成，能非接触式连续测量
微带雷达水位计	测量范围 1.5～40m，电源 28VDC	结构简单，外观小巧，安装方便，经济耐用。适用于野外环境，每秒约 16 次测量

（2）流量计和水表

流量计用于测量、记录、计算管道或渠道内流体流量的仪表。主要种类有转子流量计、差压流量计、电磁流量计、涡轮流量计、超声波流量计和微带雷达流量计等。

转子流量计又称浮子流量计。它是以浮子上浮高度为依据来计量管道内流体流量的装置。

转子流量计的流量检测元件是由一段自下而上逐渐扩大的垂直锥形管和一个沿着锥形管轴线上下浮动的浮子组成。浮子在不同浮动高度，由于在锥形管内，浮子周边的环形面积不同，有液体流动而引起的浮子所受的上浮力也不同，故不同的浮子高度反映了浮子周围液体流过的流量。转子流量计一般来测量清洁透明的液体。

差压流量计又称节流式流量计。它是以节流件（孔板、喷嘴、文丘里管）前后的压差值为依据计量管道内流量的装置。充满管道的流体在流经管道内的节流件时，流速将在节流件处形成局部收缩，从而使流速增加，而静压力降低，于是在节流件前后产生了静压力差（或压差）。流体的流速越大，在节流件前后产生的差压也越大。因此，通过测量差压的方法可测量流量。差压流量计常用于测量清洁的流体，测量精度较高。

电磁流量计是利用电磁感应原理来计量管道内导电液体流量的装置。有发送器、转换器和显示仪组成。管道内部无活动部件，流体流过时几乎没有压力损失。检测过程中不受被测量介质的温度、压力、密度、黏度及流动状态等变化的影响。适宜用来计量雨水等不太清洁液体的流量。

涡轮流量计是借安装与管道内叶轮旋转周期性改变磁路中磁阻并感生出一定频率的脉冲信号，从而对管道内流体的流量进行计量的装置。它是由叶轮、变送器和显示仪表组成。适用于计量大、中型管道中的洁净液体。

超声波流量计是一种非接触式流量计。它是借助安装于管道壁外的换能器发出超声波，在流体中传播时传播速度要受介质流速的影响，通过测量超声波在流体中不同的传播速度，来检测出流体的流速换算出流量来。超声波流量计按测量的原理不同，有不同种类，如时差式超声波流量计、多普勒式超声波流量计，以及波束偏移法、相关法、超声法等品种。其中，时差式超声波流量计宜用于洁净流体流量的测量，不能用于有影响超声波传播的连续混入气泡或体积较大固体物的液体，而多普勒式超声波流量计则适用于杂质含量较多的脏水和浆体，如城市污水、工厂排放液的流量测量。

微带雷达流量计是一种新颖流量监测装置，是国内唯一一款拥有自主知识产权的雷达测速仪器。它采用24GHz平面微带雷达技术，配以后端处理技术精确提取管道内水流速度，对流体进行非接触式、无人自动监测。该产品的特点是天线发射频率灵活可调，有效地避免了产品的相互干扰，设有多个通讯接口，方便用户系统对接，具有运行和休眠模式结合，节能降耗；具有防结露、防水、防雷设计，适合各种野外环境。

雨水系统中常用的流量计见表 3-10。

表 3-10　流量计性能和特点

名称	测量范围	精确度	显示传递类型	安装要求	特 点
电磁流量计	流速 0.1～10m/s，管径 $\phi100$～$\phi3000$	$\pm0.5\%$	模拟电信号数字脉冲	要求直管段 5D～10D	结构复杂，无压力损失，用于异电液体，输出 0～20mA
涡轮流量计	流速 0.3～3m/s，管径 $\phi100$～$\phi1600$	$\pm0.5\%$～2%	数字脉冲	要求直管段上游 ≥ 20D，下游≥7D	精度高，惯性小，轴承易磨损，连续使用周期短。输出 0～10mA 直流信号
超声波流量计	流速 0.3～20m/s，管径 $\phi100$～$\phi1800$	$\pm0.5\%$～1%	模拟电信号数字脉冲	要求直管段上游 ≥ 10D，下游≥5D	无运动部件在管道中，管外安装不破坏管道和流道。用于大管径比小管径经济
微带雷达流量计（光波流速仪）	流速 0.15～15m/s	±0.02m/s	无线发射，多种数据通讯接口		非接触式探测，不受气候、泥砂及漂浮物影响。快速精确测量，数据输出稳定。适用于洪水期高流速环境

水表是计量承压管道中流过水量累计值的仪表。按用途分为冷水表、热水表等。按计量原理区分有流进式水表和容积式水表。按显示方式区分有就地指示型和远程指示型。水表用于不含杂质的洁净水。常见的水表有如下两类；

旋翼式水表，又称翼轮式水表。壳内装有叶轮，叶轮的转动轴垂直于水流方向，借水流推动叶轮旋转带动计数器动作的流速式水表。旋翼式水表由叶轮、减速机构和计数器组成。按叶轮位置是否浸于水中分为干式水表和湿式水表。按安装方式不同分为卧式水表和立式水表。复式水表是由主表及副表并联组成的流速式水表，用水量小时，由副表计量，用水量变大时，由主表和副表同时计量，常用于计量用水量变化幅度较大的累计水量场合。

螺翼式水表又称涡轮式水表。壳体内装有螺旋式叶轮，叶轮转动轴与水流方向平行，借水流推动叶轮旋转带动计数动作的流速式水表。该水表由叶轮、减速机构和计数器组成。其流通能力大，水头损失小、质量轻、体积小、结构简单，便于维修和使用，用于用水量较大的场合。

在雨水处理、回用系统的补水管和出水管上常设有水表，适合各种场合的水表性能和特点见表3-11。

表 3-11　水表性能和特点

名称	工作压力(MPa)	规格	特点	适用范围
旋翼式冷水水表	≤1.0	$\phi15\sim\phi150$	最小流量及计量范围较小，水流阻力较大，干式水表不受杂质污染，精度较低；湿式构造简单，精度较高	适用于用水量及变化幅小的用户，只限于单向水流，不能双向计量
螺翼式冷水水表	≤1.0	$\phi80\sim\phi400$	最小流量及计量范围较大，水流阻力小	适用于用水量大的用户，只限于单向水流，不能双向计量
复合水表	≤1.0	主表$\phi50\sim\phi400$副表$\phi15\sim\phi40$	用水量小时，仅由副表计量，用水量大时，则由主表及副表同时计量	适用于用水量变化幅度大的用户，只限于单向水流，不能双向计量

（3）pH 计

pH 计是一种测量介质酸度，也即测量溶液氢离子浓度的仪器。pH 计通常由酸度发生器和工业酸度计组成。

酸度发送器采用玻璃电极作为测量电极，以甘汞电极作为参比电极，通过测量浸入介质溶液的玻璃电极和甘汞电极的电动势差值的大小，就可以知道被测介质溶液的氢离子的浓度，进而得到溶液的酸度。

工业酸度计则是一个高阻直流放大器，它是由变容二极管组成，起到将酸度发生器收到的信号放大的作用。工业酸度计除有指示外，还可以将信号变成 0～10mA 的电流输出，连接调节控制单元和报警装置，以及记录仪。

pH 计的测量范围 pH0～14，测量精度 pH0.1。

（4）浊度仪

由于水中含有悬浮及胶体状态的微粒，使得原是无色透明的水产生浑浊现象，其浑浊的程度称为浑浊度。测量水的浑浊度的仪器称为浊度仪。

浊度仪大致可分为比光浊度仪和光电浊度仪。

比光浊度仪是根据形成浊度的水中悬浮颗粒的浓度、大小和形状不同，而产生不同的透光度的光学原理制成的。水越是浑浊，反射光越强，透光度越弱；水越是清澈，反射光越弱，透光度越强。

光电浊度仪是利用射入水样的透射光、散射光经过光电效应显示出电压高低而转换为水样的浑浊度大小的仪器。光电浊度仪又分为透射光浊度仪、散射光浊度仪、透射光－散射光浊度仪。透射光浊度仪与散射光浊度仪的性能比较见表3-12。

表3-12　透射光浊度仪与散射光浊度仪性能比较

透射光浊度仪	散射光浊度仪
（1）对低浑浊度水灵敏度不高	（1）对低浑浊度水有较高的灵敏度
（2）浑浊度为0时，信号最大	（2）浑浊度为0时，信号为0
（3）负响应——随着浑浊度增大，信号减弱	（3）直接响应——浑浊度增大，信号增强
（4）在中等浑浊度范围内，根据比耳定律显示线性响应	（4）较低浑浊度范围内呈线性响应，如光程小，高量程内可呈线性响应
（5）水中色度显示出浑浊度	（5）水中色度不显示浑浊度，但某些色度可产生负误差
（6）对浑浊度的测量没有上限——依设计条件而定，如光程	（6）对浑浊度的测量没有上限——依设计条件而定，如光程

常用浊度仪的性能和特点见表3-13。

表3-13　浊度仪性能和特点

名　称	性　能	特　点
水质浊度变送器	浊度0～1000mg/L，输出信号0～10mV，4～20mA	管道流道型、连续测定浊度，也可就地显示
落流式浊度测定仪	浊度0～1000mg/L，输出信号0～10mA	连续测定浊度
浊度计/悬浮物浓度计	浊度0Λ～4000FTU，精度2.5%，输出信号0/4～20mA	同一台仪器上可测湿度和悬浮物，并具有报警输出

注：表中FTU是水的浑浊度单位，称福尔马林（Formazin）浊度。通常浑浊度的单位是用"度"来表示的，就是相当于1L的水中含有1mg的SiO_2（或是1mg白陶土、硅藻土）时，所产生的浑浊度为1度，或称杰克逊（JTU）。1JTU＝1mg/L的白陶土悬浮体。福尔马林（Formazin）是国际上公认的另一种浑浊度单位，原因是它的重现性好，1FTU＝1JTU。

在雨水收集、处理设施和回用系统中，对常用控制指标水位、流量、雨量、pH值、浊度等应实现现场监测，有条件时可以实现在线监测，参数回传到控制室对全系统实现自动控制。

4 雨水收集利用工程规划设计的内容和深度

4.1 参与专业与配合

雨水收集利用工程的规划和设计需要总图、建筑、景观（园林）、道路、给排水、结构、电气以及经济等多专业人员协作完成。其中，作为总体控制专业的总图、建筑、景观（园林）以及道路专业，主要工作是结合小区总图设计规划出不同降雨下垫面面积、小区的竖向布置以及确定与周边场地、道路的标高关系等；作为技术主导的给排水专业，主要负责、计算雨水收集、调蓄、处理等设施的规模，并根据需要确定设施的位置，同时确定合理的汇水区域、设计雨水管线的走向及标高、雨水处理的工艺和规模等；结构、电气、经济等是作为辅助配套专业。结构专业负责配合完成各种地面建筑以及各种水池、构筑物的土建结构做法，电气专业配合完成建筑、构筑物的设备用电以及水池液位、水泵等信号和自动控制，经济专业负责计算工程投资及造价分析。

4.2 不同设计阶段各专业的工作内容

规划设计阶段，总图、建筑专业要根据批准的控规及专项规划指标，结合小区总平面设计制定与雨水收集、调蓄、利用相关的各项指标，包括小区年径流总量控制率、不透水面积所占比例、下凹式绿地的占比、绿化屋面比例、生态岸线要求、雨水下垫面面积、与小区周边场地、道路的地势关系等内容。给排水专业需要按项目条件计算出雨水入渗、收集、调蓄、处理等设施的规模，并在小区总图中标出其位置，同时表示出雨水汇集方向、雨水干线的位置走向等，并复核各项雨水下垫面是否满足要求。

初步设计阶段，建筑、景观（园林）专业应根据相关主管部门批文进行规划总平面调整，按规划指标计算出下凹式绿地、透水铺装的面积，并根据项目小区的地质地形特点合理布置下凹式绿地、透水铺装以及排水口、排水沟、水池或水塘等的位置。景观（园林）专业需要根据总平面图中绿地、生物滞留设施的布置及要求合理确定植被种类。道路专业需要确定小区内道路及绿化隔离带的布置及道路的纵坡。给排水专业要根据小区现状条件向总体控制专业提供下凹式绿地的位置、规模及下凹深度、雨水调蓄池的容积和位置、生物滞留设施的位置和规模、地表雨水的排水走向、雨水处理设施的规模和位置等。经济专业负责计算工程的概算。

施工图阶段总图、建筑专业除了落实和细化初步设计阶段的内容外，还要落实雨水收集、调蓄、利用工程各种设施的控制标高和建筑做法的详图。给排水专业要结合小区地形，确定雨水管线、检查井、雨水口的具体位置和标高、雨水管线的纵断面图，雨水透水设施的分布和做法，雨水调蓄池的位置、容积、进出水管标高和做法详图，雨水处理的工艺流程和各构筑物的设计详图。景观（园林）专业要根据给排水专业提供的排水走向确定下凹式绿地、生物滞留系统、植物浅沟内的植被种类、坡向、深度以及各种做法详图。道路专业需要根据由给排水专业提供的小区雨水管道布置图作雨水口的具体布置图以及透水路面、雨水口与道路结合的设计详图。结构、电气专业则应完成由相关专业提供的建、构筑物的土建结构与配电的施工图设计。

4.3 规划阶段内容和深度

4.3.1 规划内容

雨水收集、调蓄和处理工程在作规划时应根据所在地区降雨量、市政条件、地质资料等分析计算后提出，并应包括以下内容：
（1）规划依据、设计参数；
（2）雨水收集、调蓄和处理利用方案；
（3）雨水收集、调蓄和处理利用设施的规模和布局；
（4）雨水控制指标和目标值计算；
（5）投资估算。

4.3.2 控制目标

（1）年径流总量控制率
年径流总量控制率是各地根据多年日降雨量统计数量分析计算，通过自然和人工强化的渗透、储存、蒸发等方式，在场地内累计全年得到控制（不外排）的雨量占全年总降雨量的百分比。

控制频率较高的中、小降雨过程，以年径流总量控制率作为小区规划的基本控制目标。年径流总量控制率的确定要从维持区域水环境良性循环及经济合理性角度出发，年径流总量控制目标也不是越高越好，雨量的过量收集、减排会导致原有水体的萎缩或影响水系统的良性循环，从经济性角度出发，当年径流总量控制率超过一定值时，投资效益会急剧下降，造成设施规模过大，投资浪费的问题。

我国已编有中国内地年径流总量控制率分布图，将中国内地分成五个区：Ⅰ区（85%≤α≤90%），Ⅱ区（80%≤α≤85%），Ⅲ区（75%≤α≤85%），Ⅳ区（70%≤α≤85%）、Ⅴ区（60%≤α≤85%）。表 1-4 给出了我国部分城市年径流总量控制率对应的设计降雨量一览表，供作规划计算时参考。

例如：北京平原地区原于Ⅲ区：

1）新建城区径流总量控制目标

新建城区径流总量控制目标值与开发前自然地表径流相近，为 85%，此时设计降雨量可取 32.5mm。

2）已建城区径流总量控制目标

已建城区径流总量控制目标值与城市街道取值一致，为 70%，对应的设计降雨量为 19.0mm。

（2）地表径流流量控制

小区雨水收集、调蓄、处理工程应作为排水防涝系统的重要组成部分，应与城市雨水管网系统及其他设施共同达到城市排水防涝系统设计标准。

雨水收集、调蓄、处理工程的设计标准，应使得建设小区的外排雨水总量不大于开发前的水平，并满足以下要求：

1）已建成区的外排雨水流量径流系数不大于 0.5；

2）新开发区域外排雨水流量径流系数不大于 0.4；

3）外排雨水峰值流量不大于市政雨水管网的接纳能力。

（3）不同下垫面面积和调蓄设施总容积控制

1）下凹式绿地面积

《雨水控制与利用工程设计规范》（DB11/685—2013）第 4.2.3 条 2 款规定：对于北京而言，"绿地中至少应有 50% 为用于滞留雨水的下凹式绿地。"

2）透水铺装

《国务院关于印发水污染防治行动计划的通知》国发（2015）17 号指出：对全国而言，"新建城区硬化地面，可渗透面积要达到 40% 以上。"即对于新建小区，其设置的透水铺装面积应大于等于小区总硬化面积的 40%。

《雨水控制与利用工程设计规范》（DB11/685—2013）第 4.2.3 条 3 款规定，对于北京而言，"公共停车场、人行道、步行街、自行车道和休闲广场、室外庭院的透水铺装率不小于 70％。"明显大于对全国其他地方的要求。

3）调蓄设施总容积

《雨水控制与利用工程设计规范》（DB11/685—2013）第 4.2.3 条 1 款规定，对于北京地区小区的调蓄设施，当"新建工程硬化面积达 2000m² 以上的项目，应配建雨水调蓄设施，具体配建标准为：每千平方米硬化面积配建调蓄容积不小于 30m³ 的雨水调蓄设施。"

4.4 施工图设计阶段内容和深度

4.4.1 总图、建筑专业

（1）设计施工说明内容

1）表述专项指标：要表述绿地总面积、下凹式绿地面积及下凹深度、不透水面积比例、硬化面种类及面积、天然池塘的水面标高及保持率、雨水调蓄设施总容积。

2）地面高程控制：小区的地势情况描述、小区室外地面和道路高程与小区外市政道路的关系、小区竖向高程设计（尽量保证小区内的雨水能重力流排至小区外市政雨水管网）。小区地面设计标高不宜低于小区周边市政道路或自然地面，防止雨水倒灌。小区内地面标高设计应有利于雨水进入收集和调蓄设施。应合理设计雨水处理设施的标高，使其处于小区雨水管网的下游段，并方便回用和重力排入市政排水管。

（2）设计图纸内容

1）小区总平面图应采用不同图例标出河道池塘水面、排水渠的现状以及雨水泄洪等有关地形地貌、新建地下车库和地下构筑物、建筑屋面、硬化道路、透水铺装、下凹式绿地、调蓄设施、生物滞留设施、植被浅沟等，并注明相应的面积或容积。当绿地及透水铺装在地下建筑顶板上时，应分别标明绿地、透水铺装面的标高及地下建筑顶板标高。

2）小区总平面图应标注建筑物室外控制点地面的标高、道路控制点的标高、明确小区周边道路与拟建工程室外地面的高程关系。

4.4.2 景观（园林）专业

（1）设计施工说明内容

景观（园林）设计应注意与雨水工程设施的良好结合，保证雨水排蓄顺畅。雨水花园的植被种植设计应满足积水、潮湿、干旱三种环境，还应兼顾植物景观效果。具体注意以下几点：

1）植被应优先选择本地乡土植物，植物应具备耐涝、耐旱能力、根系发达、茎叶繁茂。

2）雨水花园作为生物滞留设施的一种，具有水体净化作用，植被应选用净化能力强的植物。

3）种植草本植物时，应尽量选择宿根植物。

4）景观应控制标高，有利于雨水进入绿地、水体等设施。

（2）设计详图内容要求

1）下凹式绿地做法（深度、种植要求）。

2）透水铺装做法、地下室顶面绿地及绿化屋面的做法。

3）生物滞留设施、植被浅沟及景观水体的做法详图。

4）做法详图可选用标准图集，如无图集应补充大样图。

4.4.3 道路专业

（1）设计施工说明内容

1）小区道路的设计除符合《城市道路工程设计规范》（CJJ 37—2012）有关规定外，还应满足与雨水收集利用相关联的《透水砖路面技术规程》（CJJ/T 188—2012）、《透水沥青路面技术规程》（CJJ/T 190—2012）、《透水水泥混凝土路面技术规程》（CJJ/T 135—2009）等规程的相关内容。

2）小区人行道宜采用透水砖铺装，非机动车道和机动车道可采用透水沥青路面或透水水泥混凝土路面，透水结构设计应满足国家、行业相关规范的要求。

3）小区道路横断面设计应优化道路横坡坡向、路面高度、道路周边绿化带及周边绿地的竖向关系等，便于径流雨水汇入雨水收集调蓄系统。

4）小区道路绿化带内道路一侧应采用必要的防渗措施，防止径流雨水下渗对道路路面及路基产生影响与破坏。

5）小区道路径流雨水进入绿地和雨水处理设施前，应利用沉淀池、前置塘等预处理，防止径流雨水对绿地环境或雨水处理设施造成破坏。

（2）设计图纸内容

1）小区道路雨水管线布置图。

2）小区道路横断面图。

3）道路雨水井、雨水口、渗排水设施的接管详图。

4）小区雨水调蓄池与道路的关联与接管详图。

4.4.4 给排水专业

（1）设计施工说明内容

1）项目概况：小区绿地总面积、下凹式绿地面积、不透水硬化地面比例、种类和面积、透水铺装种类及面积、天然水面状况、雨水调蓄设施容积。

2）小区雨水收集、调蓄、处理系统设计标准。

3）小区外排雨水流量径流系数（应附计算公式及参数）。

4）小区雨水量计算：应包括年径流总量控制率、外排雨水峰值流量、弃流量、调蓄雨水量、收集雨水量、回用水量及水量平衡。

5）外部条件：与市政雨水管的接管位置、标高、管径等。

6）小区内透水铺装、下凹式绿地、生物滞留系统、植被浅沟的做法。

7）雨水口、雨水检查井、渗透管渠、雨水调节池的做法详图。

8）雨水调蓄设施的做法。

9）雨水处理回用设施的工艺流程、设施详图。

10）雨水收集、调蓄、处理系统的施工和验收要求。

（2）设计图纸内容

1）小区室外雨水排水总平面图

应标明地面汇水方向，雨水口、雨水井、雨水调蓄池等的位置。

标出主要雨水管线的布置、与市政雨水管线接管口的位置、管径和标高。

2）构筑物详图

雨水井、雨水口、提升、收集设施、渗排水设施、雨水处理设施的接管详图。

3）雨水处理回用设施的工艺流程、平面布置、高程布置图，以及主要建、构筑物的平、立、剖面图。

4）详图可选用标准图集，如无图集应补充大样图。

4.4.5 结构及电气专业

（1）设计施工说明内容

结构专业配合建筑、景观（园林）、给排水专业完成相关雨水建、构筑物的结构做法说明，电气专业需配合上述各专业完成雨水设备的配电设计说明。

（2）设计详图内容

景观水池、雨水水池及非标雨水检查井的结构图。

景观水池、雨水水池和雨水处理间的电气设计图。

5 雨水收集利用产品与举例

5.1 海绵城市离不开的土工合成材料

——宏祥新材料股份有限公司产品介绍

5.1.1 产品介绍

宏祥新材料股份有限公司是一家有 30 年历史的专注于土工合成材料研发创新与产业化推广应用的高新技术企业。公司传统产品 18 大系列，160多个品种，自 2015 年以来，根据市场需求，开发新功能产品 30 多种，产品涵盖水利水电领域防渗、反滤、生态治理工程，高铁高速交通领域路基加筋、隧道防排水、边坡防护绿化工程，地铁、机场建设、垃圾填埋场、污水处理厂、尾矿库等环保防渗工程，地下综合管廊、海绵城市建设建筑与小区、绿地、道路广场、河湖水系等工程领域。

公司目前生产的产品按总体分类和特色分类包括如下品种：

1. 总体分类

（1）土工布类

针刺（短丝、长丝）土工布，丙纶高强布，营养土工布，机织土工布、土工管袋、机织模袋，编织土工布，聚酯玻纤布。

（2）土工膜/防水卷材类

LDPE/LLDPE/HDPE 土工膜，PVC 土工膜，EVA/ECB 防水板，立体防排水板，高分子自粘防水卷材。

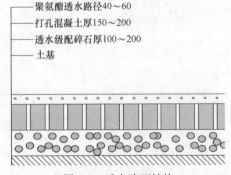

图 5-1 透水路面结构

（3）格栅/网类

塑料单/双向、钢塑、经编土工格栅，矿用格栅，土工格室，格宾网、雷诺护垫，双向拉伸网、土工网、三维网垫。

（4）复合类

复合土工膜，复合排水网，复合防水板，膨润土防水毯，保温保湿绿化毯、椰丝毯、生态草毯。

（5）海绵城市建设类

海绵蜂巢加筋系统，高分子塑料模块、海绵渗排水席垫，PP 塑料模块，新型塑钢中空建筑模板等。

2. 特色产品分类

（1）透水路面加筋材料

透水路面是海绵型城市道路的主干型式，其结构如图 5-1 所示

为了加强透水路面强度，在半刚性基层和透水铺装面层之间铺设蜂巢格室，这样可有效地提高基层的抗疲劳能力，减少透水面层的温度收缩和反射裂缝。由于蜂巢格室的抗延伸作用，可有效地防止荷载对透水路面的局部破坏，延长海绵道路路面的使用寿命。

蜂巢格室（HMFJ1560）尺寸：高度 150mm，格距 600mm，板厚1.0mm。蜂巢格室如图 5-2 所示。

图5-2　HMFJ1560 海绵蜂巢加筋系统

（2）塑料模块＋透水无纺布＋滤排水席垫透水铺装

塑料模块＋透水无纺布＋滤排水席垫透水铺装的组成和构造如图 5-3 和

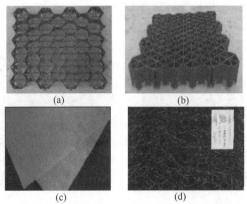

(a)　　　　　　　　　　(b)

(c)　　　　　　　　　　(d)

图5-3　高分子塑料模块＋透水无纺布＋海绵滤排水席垫

(a) 高分子塑料模块 1；(b) 高分子塑料模块 2；(c) 透水无纺布；(d) 海绵滤排水席垫

图 5-4 所示。其中：高分子塑料模块规格：400mm×400 mm×50mm；透水无纺布：200g/㎡；海绵滤排水席垫：厚度30mm，宽度1000mm。

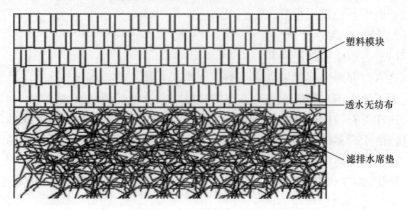

图 5-4　塑料模块＋透水无纺布＋滤排水席垫透水铺装构造示意

工作机理：高分子塑料模块结构强度可靠，渗水能力强，可现场拼接成设计的尺寸面积，具有承重、渗水、吸声、吸尘、植草等功能；透水无纺布隔离、反滤效果好；海绵滤排水席垫抗压强度高、比表面积大，具有过滤、排水功能；经上层透水无纺布过滤后的雨水再经海绵滤排水席垫过滤后渗入土壤，实现渗水、过滤、净化雨水三重功能。

（3）市政道路雨水收集滤水模块

传统做法的缺点：基坑开挖、卵石回填工程量大；材料、倒运、人工等费用高；施工效率低，工程进度慢；需加装防护网罩；淤堵后难以清理。传统做法如图 5-5 所示。

新型材料的优点：施工量小；性价比高；施工简便、快捷；无需另加防护装置；可拆卸、易清洗。可重复使用。市政道路雨水收集滤水模块如图 5-6 所示。

图 5-5　尺状岩石＋卵石＋防护

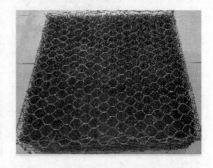

图 5-6　市政道路雨水收集滤水模块
规格：2000mm×500mm×300mm

（4）生态树池

生态树池的做法如图 5-7、图 5-8 所示。

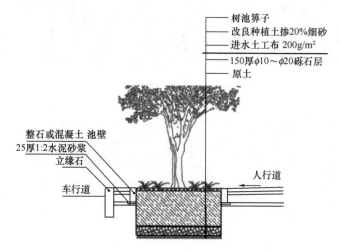

图 5-7　穴状种植池示意图

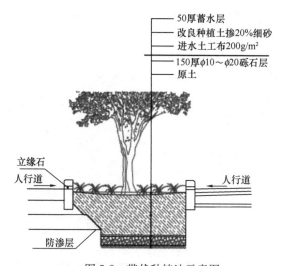

图 5-8　带状种植池示意图

在生态树池的施工中可以采取以下两种措施：

第一种措施，用海绵滤排水席垫替代砾石排水层，做法见图 5-9，其中滤排水席垫采用 30mm 厚、1000mm 宽规格的材料。

第二种措施：在改良种植土下面铺设营养土工布，做法见图 5-10。这样可以为植物生长提供长期缓释养分，土工布规格为 400g/m^2。

图 5-9　海绵滤排水席垫（替代砾石排水层）

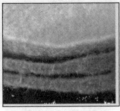

图 5-10　改良种植土下面铺设营养土工布

（5）建筑小区——绿色屋顶

绿色屋顶的构造见图 5-11，其各组件见图 5-12。

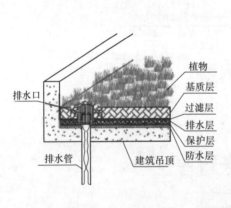

图 5-11　绿色屋顶构造示意图

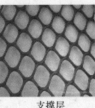

过滤层　　　　　支撑层　　　　　排水层　　　　　防水层

图 5-12　绿色屋顶组件示意图

152

（6）雨水收集 PP 模块组合水池

塑料模块组合水池如图 5-13 所示，其中 PP 模块的技术参数见表 5-1。

图 5-13　塑料模块组合水池效果图

表 5-1　塑料模块组合水池——PP 模块技术参数

尺寸 （mm）	孔隙率 （%）	蓄水容积 （L）	耐温 （℃）	材质 PP	承重 （t/m²）
800×400×400	90～95	160	−30～120	可回收利用	40～65

（7）生态水系护坡绿化产品

生态水系护坡绿化产品的品种比较多，包括三维土工网垫、新型抗冲生物毯、格宾网/雷诺护垫、海绵蜂巢系统等，见图 5-14～图 5-17。

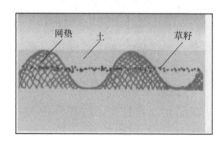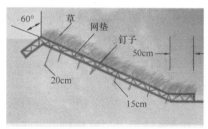

图 5-14　三维土工网垫 EM_3、EM_4

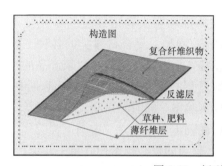

图 5-15　新型抗冲生物毯

153

图 5-16 格宾网/雷诺护垫　　　　　　　图 5-17 海绵蜂巢系统
60mm×80mm，6×2×0.3（m）　　　　150mm×712mm×1.5mm

5.1.2　企业成长史

宏祥新材料股份有限公司是一家有 30 年历史专注于土工合成材料研发创新与产业化推广应用的高新技术企业，始建于 1987 年 6 月（德州地区丙纶厂），在国内率先引进德国无纺布生产线。1997 年 10 月组建省级集团——山东宏祥化纤集团有限公司，是中国第一批土工合成材料国家标准制定单位，主持和参与制定国家标准 13 项，铁道部标准 8 项，交通部标准 3 项，纺织部标准 1 项；2000 年开始，在董事长崔占明的带领下，宏祥持续健康发展壮大，公司拥有土工合成材料生产的全套关键技术和国际先进水平的生产、检测设备；2007 年宏祥被认定为国内土工合成材料龙头企业暨中国土工合成材料试验和研发基地；2012 年 11 月成立宏祥股份，创建宏祥工业园，公司占地面积 1000 亩，注册资本 1.53 亿元，是目前国内规模较大、技术实力较强的土工合成材料专业生产企业。

宏祥视技术、质量为企业的生命，始终把技术创新和质量提升作为提高公司核心竞争力的发展战略，坚持走"产、学、研、政"的发展之路，拥有 3 名国家标准委员会委员，和近百名在德国和意大利培训过的专业技术人才，具备非织造布类、高分子膜类、格栅/网类、复合材料类的各种工艺设备，产品种类齐全，实验室检测仪器设备齐全，具备快速开发新产品的技术和规模优势，并和清华大学等高等院校开展技术合作；建有省级企业中心、省级土工合成材料检测中心、市级工程实验室，同时与东华大学纺织学院共建土工材料研发中心，与上海大学孙晋良院士合作成立"中国工程院孙晋良院士宏祥工作站"，具备持续创新能力。公司的核心技术拥有自主知识产权，主要包括专利技术和软件著作权，目前公司拥有软件著作权 6 项；拥有产品、技术专利 94 项，其中发明专利 7 项，正在申请的专利 10 余项。

宏祥公司的创新定位：精益创新，从为客户提供价值入手，通过基础研究获得原始创新，注重知识产权保护，着重创新产品的营销。创新规划：及时洞察市场需求，选择细化细分市场，通过产品升级、延伸、替代，实现销售的系统覆盖。宏祥是中国土工合成材料协会常务理事单位、中国防渗排水专业委员会副主任单位、中国土工用纺织合成材料协会会长单位、产业用纺织品产业技术创新战略联盟副理事长单位，先后获得中国高新技术产业先锋企业、国家"守合同重信用"企业称号，通过"质量/环境/职业健康安全管理体系认证"、"欧盟 CE 认证"、"中铁产品 CRCC 认证"、"交通部 CCPC 认证"、"国家矿用产品 MA 认证"、"质量环保 CQC/环境标志认证"、"建筑防水卷材/橡胶制品全国工业产品生产许可证"、"建筑施工安全生产许可证"、"绿色建筑选用产品商标准用证"、"环保/防渗工程专业承包资质"，宏祥品牌享有较高的知名度和美誉度，产品质量稳定可靠，在国内外的大型重点工程中被选用，并得到工程使用单位的一致好评；同时，产品还远销俄罗斯、哈萨克斯坦、瑞典、美国、智利、澳大利亚、新加坡、泰国、伊朗、阿联酋、马来西亚、印度尼西亚等国家及中国香港和台湾地区；致力于打造世界级创新、研发、设计、生产、应用优质资源对接平台。

5.2 卓创环保彩色透水路面

——北京卓创和信建筑材料有限公司

5.2.1 产品介绍（图 5-18）

图 5-18 产品应用实例

（1）卓创环保彩色透水路面构造（图 5-19）

图 5-19　彩色路面透水构造

卓创环保彩色透水路面系采用聚氨酯高分子聚合物为胶粘剂，将天然石子、天然彩石、陶瓷颗粒、玻璃珠、彩砂等高强度骨料牢固地粘结在一起，现场铺设在透水混凝土、普通混凝土或沥青基层上的一种高级装饰型透水路面面层。

（2）检测报告

彩色透水路面的检测报告见表 5-2。

表 5-2　国家建筑工程质量监督检验中心检测报告

序号	检测项目		技术指标	检测结果	单项结论
1	耐磨性（磨坑长度），mm		≤30	25	合格
2	透水系数（15℃），mm/s		≤0.5	1.8	合格
3	抗冻性（25次冻融循环）	抗压强度损失率，%	≤20	15	合格
		质量损失率，%	≤5	0.02	合格
4	连续孔隙率，%		≥10	43	合格

（3）路面构造

参见相关章节

（4）执行标准

《透水水泥混凝土路面技术规程》（CJJ/T 135—2009）；

《透水沥青路面技术规程》（CJJ/T 190—2012）；

156

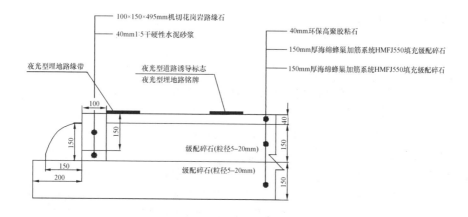

图 5-20　彩色透水路面构造

《建筑用卵石、碎石》（GB/T 14685）。

5.2.2　适用范围

绿道、人行步道、慢行道、公园景观道、自行车道、生态树池、生态停车场、屋顶花园、广场及小区等道路系统。

图 5-21　运用范围示意

5.2.3 施工方法

施工流程如下：

测量放线→基层处理→材料准备→工作面积标贴→基层检验清理→混合透水材料→摊铺骨料→压平、抹光→成品保护→施工完毕。

（1）测量放线

根据设计图纸放出路中线和边线，沿路中心每隔 5m 测一个高程，并检查基层、标高和路拱横坡在路中心线上每 10m 设一个中心桩，在曲线起点和纵坡转折点处加设中心桩，临时水准点设于线路两旁固定的建筑物，另设临时水准桩，每隔 30m 左右设置一个，以便于施工时与就近路面进行复核。

图 5-22　放线工序示意

（2）工具准备

工程车、发电机、吹风机、扫帚、铁锹、宽胶带、搅拌机、压实机、抹光机。

（3）基层处理

基层打磨，采用专用打磨工具打掉工作面表面并形成粗糙面，用扫把、吸尘机及吹风机清理浮尘。基层表面必须干燥无尘，必要时加刷底层涂料层。

图 5-23　基层处理工具

158

（4）材料准备

所用材料：无毒高聚黏合剂，彩色骨料，辅助施工材料。由专车运送到指定工作点。

图 5-24　无毒高聚黏合剂

（5）基层检验

对基层进行复核，基层检验中，如有破坏或低出设计高度部分的基层，应用树脂砂浆填补找平。根据材料性能，填补找平部分树脂砂铺设须养护 4～6h。

（6）路面清理及图形放样

用专用清扫工具对施工地面进行清理，清除垃圾灰尘等杂物，并检查地面是否存在积水及潮气。如有积水或潮湿，需清除积水，并等待地面完全干燥或用吹风机吹干。

（7）聚合物搅拌

确定施工区域后，即可进行透水材料搅拌（将高聚黏合剂、骨料按比例投入搅拌机 2～3min 后倒出，由工人将搅拌后的材料运输至摊铺区域）。

图 5-25　聚合物搅拌

（8）海绵道路材料摊铺

由专业人员进行摊铺，约半小时左右进行压实和抹光。

图 5-26　道路材料摊铺

（9）摊铺完成

完工后，撕下胶带，清扫垃圾。

图 5-27　摊铺完成

（10）制作伸缩缝

摊铺完毕后，根据道路情况切割伸缩缝。每5m一个伸缝，每15m一个缩缝。

5.2.4 施工注意事项

（1）施工前，施工单位（承包商）要提供各种材料的技术性能指标。

（2）工程正式开工前，必须铺筑1～2m试验路段，进行路面的试铺和试压试验，以确保良好的施工质量和路面施工的顺利进行。

（3）正式开工时，施工期间的气温应在5℃～40℃之间。

（4）路面施工时，施工现场的交通控制应严格按照相关规定进行。

5.2.5 道路设计结构案例

（1）某城市绿道设计结构

① 0.8mm厚涂刷耐久保护剂；

② 30mm厚红色环保高聚胶粘石；

③ 150mm厚C25透水混凝土；

④ 150mm厚级配碎石（填充于150mm高500×500mm锁扣加强型HDPE土工格室中）；

⑤ 素土夯实。

（2）彩色路面（环保高聚胶粘石）技术要求

① 彩色透水整体路面产品拥有以下检测机构检测报告：

国家建筑工程质量监督检验中心《彩色透水路面材料检测报告》；

SGS国际船级社《无溶剂双组份聚氨酯环保彩色路面黏合剂检验报告》；

《环保彩色透水路面》专利证书。

② 无溶剂、无异味的双组分聚氨酯环保高分子聚合物的特点如下：

● 总挥发性有机化合物：少于50g/L；

● 镉、铅、汞、铬等重金属含量、苯含量符合欧盟RoHS指令标准；

● 不含可燃物质，不含可爆炸物，不含氧化、放射、毒害、腐蚀物质。

（3）彩色透水整体路面检测数值指标

① 耐磨性（磨坑长度）：检测值为25mm，指标要求：≤30mm；

② 透水系数（15℃）：检测值为1.8m/S，指标要求：≥0.5m/s；

③ 抗冻性（25次循环）：强度损失率15%，指标要求：≤20%；质量损失率2%，指标要求：≤5%；

④ 连续孔隙率：检测为43%，指标要求：≥10%。

5.2.6 卓创部分工程案例

人行步道应用案例

项目名称
通州海绵城市步道砖

树池应用案例

项目名称
北京大兴艺术有氧树池项目

正文 2017年末，咱大兴迎来了26个路口改造（详情点这里进入），目前这项工程已经进入尾声，与之同时开展的还有另一项有意思的工程：为26000个树坑穿装备！

不用事儿君说，想必最近大家也已经瞧见了，上下班途中这一路上的树坑们都被武装起来了，有红色、绿色、黄色、灰色、双拼色；还有一种金属的，可这到底是怎么回事？

项目名称
财经大学树池改造工程

项目名称
通州文旅区透水停车场

生态停车场应用案例

项目名称
河北石家庄透水停车场项目

石家庄透水停车场视频　　通州海绵城市停车场
透水效果 二维码

石家庄生态透水停车场客户见证

164

海绵道路应用案例

项目名称
北京国际会议中心海绵道路

应用产品
卓创和信® 高聚胶粘石透水路面

关键词
透水路面、彩色、环保、抗冻

竣工年月
2015 年 12 月

专业制作
北京卓创和信建筑材料有限公司

透水效果视频

项目名称
北京国际葡萄酒大会

项目名称
天津武清开发区公园

165

5.2.7 企业介绍

北京卓创和信建筑材料有限公司成立于 2008 年，注册资本 1000 万元，公司坐落于中关村创意产业园区，属拥有自主知识产权的国家级高新技术企业。产品取得国际 SGS 环保认证，符合国家交通部门建设部门及城市低影响开发设计和应用等技术标准和施工要求，是一家集海绵城市道路系统的咨询设计、产品研发、生产、销售及运营管理为一体的全产业链综合服务商。

公司致力于解决海绵城市道路的整体铺装，以海绵道路建设为基础，延伸海绵城市相关产品及领域，如城市绿道、人行步道、非机动车道、慢行道、公园景观道、自行车道、生态树池、生态停车场、屋顶花园、广场及小区等道路系统的应用和实践。

企业发展目标是紧紧围绕"渗、滞、蓄、净、用、排"六字方针要求，通过实施海绵道路整体透水铺装，使城市道路能够像海绵一样，可以实现吸水、蓄水等功能，将雨水释放并加以利用，从而有效缓解城市水资源，消减地表径流量，缓解城市热岛效应，最终实现城市道路"自然积存、自然渗透、自然净化"的城市可持续发展。成为"让道路可以自由呼吸，不要在城市里看海"的"城市道路美容师"！

5.3 固瑞达（Greenhalt）海绵绿道和海绵透水产品

——广州腾威科技股份有限公司

5.3.1 产品介绍

1. 固瑞达（Greenhalt）海绵绿道产品介绍

（1）性能综述

腾威绿道铺装材料——彩色防滑路面系统材料由固瑞达（Greenhalt）专用树脂粘结剂、高温烧结彩色陶瓷颗粒、路面专用耐候耐磨封闭剂等系列材料组成，主要应用于高速公路收费口、公交车专用道、危险警示路段、路口弯道、坡道等路段；河堤路面、自行车赛道、公园景观道路、小区休闲道路、城乡绿道等。具有防滑、警示、耐污易冲洗、路面防护等综合功效，增强路面的抗车辙性，防止路面开裂，延长道路使用寿命。雨天时减少溅水，缩短 45％以上刹车距离，减少 75％的打滑现象。

（2）技术指标

抗滑性能：BPN≥75；

莫氏硬度：≥6；

拉伸强度：≥5MPa；

粘结强度：≥1MPa；

基料附着性：2级；耐水性能：在水中浸24h无异常。

（3）产品特点

摊铺胶黏剂、喷撒彩色颗粒、收集多余颗粒连续同步完成；

路面温度在25℃，路面凝固时间2h，恢复交通时间4h；

专用的双组分树脂胶粘剂，对基材和彩色颗粒都有很强的粘结力；

专用的高温烧结彩色颗粒，硬度高不易磨损，通体一色不会褪色；

方便铺设在混凝土、沥青路面上，不需改变道路结构，易于旧路面翻新；

可以快速施工，封路施工时间短，所需的施工场地及封路范围小；

耐低温性能好，有利于严寒地区使用；热老化性能优良，高温稳定性好；

厚度薄，不会减小隧道的通行净高；重量轻，不会增加桥梁的承载负荷。

2. 固瑞达（Greenhalt）海绵透水产品介绍

（1）性能综述

固瑞达（Greenhalt）透水路面又称多孔透水铺装，是广州腾威公司针对原城市道路的路面的缺陷，开发使用的一种能让雨水流入地下，有效补充地下水，并能有效消除地面上粉尘等对环境污染的危害。同时，是保护自然、维护生态平衡、能缓解城市热岛效应的优良的铺装材料，有利于人类生存环境的良性发展及城市雨水管理，在水污染防治等工作上，具有特殊的重要意义。

（2）固瑞达（Greenhalt）高端透水路面系统拥有系列色彩配方，配合设计的创意，针对不同环境和个性要求的装饰风格进行铺设施工。这是传统透水混凝土铺装和一般透水砖不能实现的特殊铺装材料。

固瑞达（Greenhalt）高端透水路面的铺装工艺，类似于混凝土或透水混凝土的铺装，但又不同于混凝土铺装方法。

固瑞达（Greenhalt）高端透水路面的施工主要包括摊铺、成型、接缝处理等工序。可采用机械或人工方法进行摊铺；成型可采用平板振动器、振动整平辊、手动推拉辊、振动整平梁等进行施工；固瑞达高端透水路面接缝的设置与普通混凝土基本相同，缩缝等距布设，间距不宜超过6m。

① 按设计要求完成路基和碎石基层准备：

- 一般路基压实≥93％密实度；
- 铺设土工布和碎石层，碎石分层铺设压实，每层厚度不低于 15cm。

固瑞达（Greenhalt）高端透水路面的施工步骤：

- 支模；
- 基础层表面直接摊铺，保持基础干燥；
- 检验新拌的固瑞达高端透水路面材料——现场测试容重（容重、强度、空隙率、压实容重）；
- 固瑞达（Greenhalt）高端透水路面材料采用罐车直接下料或斗车转运；
- 摊铺，辊压密实（不需要覆盖养护膜进行），或垫板轻微振动密实，或专用平板振动器施工，需要经验丰富员工操作；
- 按设计要求，用专用有凸轮辊切出接缝；
- 养护 4～6h 即可开放使用。

注：可以制作任何彩色图案，使地面或路面更加美观，起到美化环境、水资源生态循环利用的作用。

② 技术指标

抗冻性：25 次冻融循环后质量损失率≤1％；

透水系数：≥1.5mm/s；

弯拉强度：≥5MPa；

磨坑长度：≤28mm。

③ 产品特性

美观、抗冻融、透水快速、透水效果好、使用寿命长。

④ 适用范围

城市道路、立交；广场主辅、道路；自行车道、步行道；小区道路、停车场；休闲广场、步行街；景观道路、景观广场、市政道路、小区主道、停车场适用于 6.0 以下汽车通行。

5.3.2 典型案例

该产品已经应用于如下工程中：广东深圳华侨城、东莞银瓶山绿道、广西南宁 BRT、广西柳州藕遇下仑屯休闲绿道、广西南宁玉洞大道公交车道、安徽绩溪公园、河南三门峡陕县体育中心、浙江爱德医院、山东莱阳园林公园、湖南郴州西河公园、永州零陵区、冷水滩防滑绿道、香港城市大学校区、马来西亚兰卡威森林公园、桃花峪黄河大桥、广州开发区绿道、河北大广高速、贵州镇胜高速、凯里绿道、衡昆高速、河南三门峡、广州南站、湖南常德海绵绿道等。

5.3.3 企业介绍

广州腾威科技股份有限公司是一家引进国外先进技术和自主技术相结合，长期致力于绿色环保的市政绿道彩色防滑胶粘剂、交通安全防滑胶粘剂、体育场地铺装材料等绿色建材的应用和推广的高新技术企业。公司自2009年通过了 ISO 质量体系认证；公司重视环保，以开发绿色环保产品为己任，公司产品相继获得国家环保部颁发的中国环境标志产品认证（绿色十环认证）。主营产品固瑞达（Greenphalt）是应用广泛的路桥材料。

广州腾威科技股份有限公司源于成立于 2005 年的广州宏信行化工有限公司及 2008 年成立的广州腾威科技有限公司，公司总部坐落于广州增城区永宁街誉山国际银座，拥有 1000 平方米办公区域，在全国建立了覆盖全国的市场营销服务体系网络，并设有多个分支机构和办事处，与客户保持着紧密的合作关系。

公司长期推广绿色、水性、环保、健康的高性能绿色建筑材料，服务国内市政、建筑工程、交通安全、能源化工等行业。

5.4 城市内涝监测预警系统

——小儒技术（深圳）有限公司

5.4.1 城市内涝监测预警系统介绍

小儒技术（深圳）有限公司的"城市内涝监测预警系统"，是将信息采集、无线传输、数据推演为一体的监测系统、预警平台和远程控制端有机结合，利用采集的雨量信息、水位信息、流量信息等，结合本地气象及交通数据库数据，以 SWMM 模型及 GIS 集成技术为支撑平台，建立内涝趋势演进模型，实时动态模拟内涝灾害，并附有实时发布及远程控制的拓展功能，根据推演信息的危机等级大小及灾情可能危害的不同范围，选取相应合适的预警方式和控制程序，使预警信息得以准确及时的传达，抗险救灾得以顺利开展，内涝地区得以根据灾害防御应变方案采取最优化的预防措施，最大限度地减少人员伤亡和财产损失。

1. 技术原理

本系统采用以平面微带雷达传感器技术为主的多种传感器技术，以液位探测和流速、流量探测为主，通过对降雨量、市内河流水位、区域积水深度和地下管道各排水口流量的实时监测进行数据采集，以无线网络的形式发送到后台调度中心形成在线预演平台，以结合区域的地形地貌信息综合分析，根据实时信息和历史数据建立数学模型推演出水情动态趋势。系统将在暴雨来临前，提前预测当地的降水量及降水分布，根据降雨强度和单元积水深度，将降雨量全部转化为排水量进入地下管道，一旦积水深度超出地下管道排水量的负荷，根据当地可承受的排水能力，推演系统的仿真终端，启动不同等级的预警，并立即反馈到三防部门，做好紧急疏散和预防措施；同时由远程控制端在灾害来临之前启动闸门、水泵、排水系统等应急设备，能够及时预防、减缓灾情，降低伤亡和损失。此外，系统将通过广播、短信的方式向社区、学校、医院等人口密集区发布预警信息，市民亦可通过网上查询城区各点的涝情预报，选择合理、安全的出行线路。系统的运行可参见图 5-28 的系统框图。

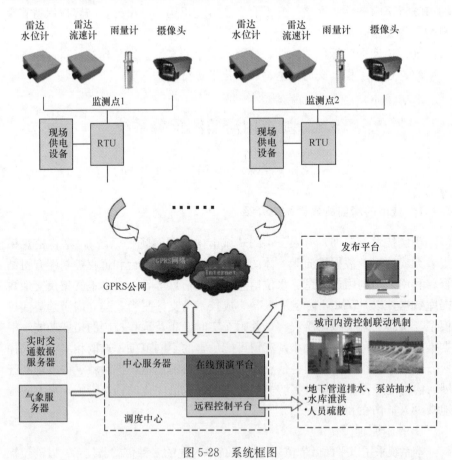

图 5-28 系统框图

170

（1）系统基本功能

① 地上/地下监测子系统：地上以水位监测、流速监测与雨情监测为主，并辅以视频监控，现场通过 LED 发布实时水情及预警信息。采用太阳能结合蓄电池的供电方式，可满足内涝所导致的断电情况。布设在渠道、排水口、下凹道路、地下停车场、涵洞、城市河湖水系等点位。地下监控设备布设于地下排水管网系统各节点处（管网窨井、检查井等）进行实时水位、流速、流量监测。现场终端结合 RTU 实现遥测、遥信、遥控功能，同时提供 GPRS 模块为系统提供精确的地理位置信息。

② 无线传输子系统：采用 GPRS 无线组网方式将各个测量设备进行组合构成测量网络。监测点对水位流速测量数据等按规定格式打包后，通过 GSM 模块以短信方式传送到监测平台的短信收发中心。监测中心的命令和各类信息也以短信方式发送至现场监测点。

③ 智能分析子系统：以历史水情水灾数据为参考，以地表地理信息数据及地下管网结构数据为基础，结合实时水情（地上及地下水位、流速）及雨情数据，动态分析水情演变趋势。

包含历史记录分析模块，实时监测记录模块以及未来灾情动态推演模块。

④ 报警联动子系统：通过发布实时水情信息报警及未来水情趋势报警，联动不同的政府部门。报警信息可在平台查询或发送至相关工作人员移动设备。同时，还可通过移动设备对社区、学校、医院等人口密集区发布预警信息，市民亦可通过网上查询城区各点的涝情预报，选择合理、安全的出行线路。

（2）系统关键技术

① 本系统采用 24GHz 雷达探测技术。24GHz 是国际公用的免费频段，采用该频段可以实现雷达的小型化。本系统着重在控制功率及拓宽微带天线的覆盖范围等方面进行研究，并嵌入微型信号处理芯片、整合微带天线电路，进一步实现了微型化及微功率设计。

② 本系统开发出雷达水位计及雷达流速仪两个终端探测产品，实现了对水位和流速数据的准确、可靠采集。二者均采用 24GHz 非接触式雷达探测技术，并采用自有专利技术的信号处理方案，保证了监测数据的高精度和稳定性。其中，雷达流速仪为国内首款基于平面微带雷达技术的表面测流产品，填补了国内行业产品的空白，目前正在积极筹备编制国家标准。

③ 本系统的核心部分在于设计一种基于 GIS 平台及 SWMM 模型的实时预警平台，借助现有的 GIS 技术及其数据库，结合 SWMM 模型构建城市内涝推演模型，进行洪水演进计算，确定洪水在整个城区的演进过程，包括

洪水在排水管网中的演进及在地面各网格点上的演进。

④ 系统支持远程联动功能，可根据实时水情监测结果及未来洪灾推演结果帮助决策者主动规划排水、清淤、交通、救援等应急方案，并根据方案内容联动相应部门和相关远程终端付诸实施。

（3）系统具体方案

① 前端探测设备

在涉及城市积水深度、地下管道各管网流速和水库河流水位等信息获取方面，系统采用以平面微带雷达探测终端为主的多种探测技术相融合的监测方式，全面、多样化的获取实地排水和雨情信息，为系统提供基础数据支撑。前端探测设备主要包括雷达水位计、雷达流速仪，并以雨量计和视频监测手段等加以辅助。下面将以雷达水位计、雷达流速仪为主要探测设备进行相关介绍。

a. 雷达探测器的平面微带结构设计及工作模式选择

微波雷达探测具有非接触、精度高、抗干扰能力强、低功耗、易于集成等特点，非常适于地面甚至地下水管道水位、流速信息的探测。

雷达探测器采用十分简洁的平面微带结构，天线和后端微波电路均采用微带实现，中频输出则采用 I/Q 两路信号输出形式。这种中频输出方式主要是为了便于能够在后端数字信号处理时进行水位、流速等数据计算，能够有效的去除干扰。

考虑到系统会应用于水位、流速、流量等多种水情信息的采集，设计雷达探测器可工作于 CW 和 FMCW 两种模式。雷达探测器如图 5-29 所示。

图 5-29　雷达探测器组图

采用上述设计的雷达探测器，具有体积小、重量轻、微功率及平面结构等特点，十分易于室外尤其是地下狭窄空间探测。此外，微带天线与微波集成电路也有结构紧凑、性能稳定等特性。

b. 信号处理电路

系统前端对于雷达探测数据的处理主要在于如何避免干扰提高数据精度。本公司产品采用了一种智能表面回波分析算法，可有效排除与水面流速

172

无关的干扰信号。

另外，为了在液位测量时辅助提高测距精度，采用一外置频率参考源照射雷达探测器的混频器。方法是在传感器外部搭建锁相环电路，采用稳定的晶体振荡器产生锁相环电路的参考频率，将上述的差频信号作为锁相环的输入，锁相环的输出则用来控制雷达传感器的内置 VCO，通过锁相环的方式将差频信号的频率稳定在锁相环的设定值上，实现了与锁相环设定值一一对应的线性关系。

c. 数据传输及电源模块

远程终端设备（RTU）是安装在远程现场的电子设备，用来监视和测量安装在远程现场的传感器等探测终端设备，将测得的状态或信号转换成可在通信媒体上发送的数据格式，还可将从中央计算机发送来的数据转换成命令，实现对现场设备的功能控制。在本项目中，由于调度中心与监测点相距较远，必须采用远动技术，在监测点设置远动终端即 RTU，与调度中心计算机通过信道相连接，RTU 与调度中心之间通过远距离信息传输完成 RTU 的远方监控功能。使其控制现场探测采集设备的工作方式，如休眠、持续工作或间歇工作等；另外，其通信接口支持同时配置有 GPS 功能，可为在线预警系统提供准确的地理位置信息。

现场电源模块主要为底层传感网络与通信网络提供辅助电源，采用太阳能结合蓄电池的供电方式，如有需要还可以加入风能发电。以保证当发生洪水、内涝，市电供电中断时的电源供给。

目前有如下探测前端产品：

采用自有专利技术设计的完整探测前端，目前有雷达水位计和雷达流速仪两种。其中，雷达水位计为国内首款平板雷达水位计，专门用于监测天然水体或辅助水处理作业；而雷达流速仪是国内唯一一款拥有自主知识产权的雷达测流仪器，专门用于天然河流、渠/涵/管道等水流波动场所的表面流速监测，如图 5-30 所示。为结合数据传输模块的探测前端（图 5-31）。其他辅助探测前端（图 5-32），包括：

图 5-30　探测前端：雷达　　图 5-31　带 RTU 和 GPS 功能
　　水位计 & 雷达流速仪　　　　　的探测前端

173

- 60G 高精度雷达水位计，适用于精度要求较高的场合。
- 电波流速仪，外观结构进一步改善，提升探测性能。
- UWB 雷达水位计，适用于地下管网等近距离探测环境。

图 5-32　其他辅助探测前端（依次为：60G 高精度雷达水位计，
电波流速仪，UWB 雷达水位计）

② 无线传输及组网

系统监测点具有数量多、分布广的特点，采用有线方式通信势必会大大增加建设工作量与建设成本。因此，系统采用 GPRS 无线组网方式将各个水文测量设备进行组合构成测量网络。具体地说，探测前端设备完成现场数据采集后，通过 RTU 实现数据上传，然后通过 GPRS 模块经由 GPRS 网络、Internet 网络与调度中心交互。调度中心是整个系统的指挥和管理中心，负责多个 RTU 系统的远程监控以及远程故障处理等功能，最终形成基于 GPRS 无线传输的城市内涝监测预警系统。数据的传输我们使用移动通信公司的业务平台，安全可靠，速度快。

③ 在线预警平台

系统支持实时水情信息监测以及未来灾情推演模拟，不仅能在灾害发生时发出实时预警，还能通过推演模型预测预报动态涝情，更加精准、实时地呈现未来洪涝趋势。因此，系统还涉及一种城市涝情在线监测预警平台。其设计的基本思想是，通过汇总探测前端采集的各监测点水情及雨情数据，并根据各监测点遥测终端 RTU 所配置的 GPS 定位功能锁定探测前端的经纬度信息，随后借助现有 GIS 平台以及 SWMM 模型，综合监测点人口数据、历史灾情、地表及地下水资源分布、地形状况等情况，创建涝情推演模型，并发布实时涝情以及未来时刻的洪水演变趋势，便于水文部门与政府机关根据监测区域的社会经济、人口情况和交通路况启动相应的应急机制。

图 5-33 为系统预警平台概图。

预警平台的基本功能：

- 全图浏览、监测点地图显示、信息标注、图层管理、终端管理、在

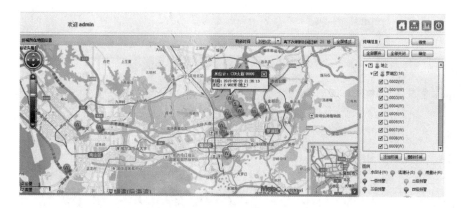

图 5-33　预警平台

线数据分析、信息查询与发送等。

● 在线监测：包含监测点实时水位/流速/雨量信息，监测点预警信息，终端状态信息。

● 数据分析：具备在线分析功能，包含各项监测内容历史数据分析及实时水情数据对比。

● 数据查询：在地图上实时呈现各监测点（地上、地下）的监测数据，或以图表形式直观显示各项监测信息数据的历史变化过程及当前状态。

● 预报预警：实时分析和解读各监测数据，定时向管理员或区域负责人终端发送预警信息。

● 用户管理：多用户管理平台，可实现城市内涝监测预警信息在线监测中心站、多级管理与信息共享。

图 5-34 所示为在分布于不同区域的各监测点形成的纵横交织的监测网络上，动态显示每个监测点的涝情实况，包括抵达时刻、时刻水深、预警等级等等。

同时，结合推演模型制作的地面洪水演进趋势图（见图 5-35），可供管理者提前分析预警，启动相应的应急机制。

除灾情数据和预警等级动态发布外，在线预警平台还将结合远程控制平台，与联防部门形成联动机制。例如，在超过设置的水位上限时，系统设计的水位自动监测能够更及时地向有关部门提供水位信息，实现水位发生超限时现场仪器和调度中心同步自动报警或响应的功能，可供泵站、闸门、水库进行联合调控。另一方面，还可以帮助政府制订更有效的人员财物疏散转移策略，防患于未然。

175

图 5-34　监测点实时涝情显示

图 5-35　洪水演进趋势模拟示意图

　　另外，系统还可对终端数据进行查看及配置管理。终端管理可实现对终端的位置信息设置，终端属性设置，终端状态维护等操作。输入终端位置等信息后，系统会在地图中显示该终端，并选择性显示终端属性等信息。

　　2. 技术特点

　　（1）高精度智能微波雷达水位、流速监测仪

176

本系统进一步对微波雷达在物位液位以及流速探测方面的应用进行了拓展，将其应用于城市内涝监测等民生科技领域，对其探测精度及信号处理算法进行了极大程度的改进。最终开发出雷达水位计及雷达流速仪两款智能探测产品，其中雷达流速仪为国内第一款基于微波雷达的水体流速探测产品。

雷达水位计特点：

- 24GHz 调频连续波（FMCW）制式，非接触式连续探测水位。
- 平面微带阵列天线（11°×11°），收发同步，方向性好。
- 标准物理电路接口：RS232/RS485/4～20mA/SDI－12（预留）。
- 多种通讯协议：自定义协议（ASCII）/MODBUS－RTU/SDI－12。
- 防内部结露、防水、防雷设计，适用于各种野外环境。
- 测量运行和休眠模式相结合，节能降耗。
- 测量时间短（最快 300ms 响应），并可根据需要自行设置。
- 每秒约 16 次测量，有效消除水面波浪、仪器振动影响。

雷达流速仪特点：

- CW 平面微带雷达非接触式探测，不受气候、泥沙及漂浮物影响。
- 快速精确测量，数据输出稳定，且适用于洪水期高流速环境。
- 天线发射频率灵活可调，能有效避免多个产品相互干扰。
- 可设定多种数据通讯接口，方便用户系统对接。
- 测量运行和休眠模式相结合，节能降耗。
- 防内部结露、防水、防雷设计，适用于各种野外环境。
- 外观小巧，安装方便、易维护。

（2）平面微带天线阵列及微带信号处理电路

目前很多公司提供的雷达探测设备，采用的都是波导天线或喇叭天线，属于立体天线，这样不便于减小体积和系统整体集成。而系统因涉及地下水管道监测，需要体积更加小巧的监测设备，平面微带天线阵列在面积或者增益上刚好完全可以满足系统的需要。

（3）GIS 在线预演平台

区别于现有的灾前预测的解决方案，系统提出了一种实时动态模拟涝情的在线预演平台，结合成熟的 GIS 框架及 SWMM 模型技术，通过实时数据精确描绘城市涝情动态变化趋势图，并通过 Web 平台实时发布。该平台可为联防部门启动紧急预案提供数据支持，极大程度地为抢险救灾工作争取时间。

3. 应用范围

本系统包含的雷达水位计和雷达流速仪探测前端可用于江河、湖泊、潮汐、水库等自然水域水位、流速监测，以及汛期城市洪涝监测，如低洼地积水、排水口、渠/涵/管道流速流量监测等，同时还可辅助水处理作业，如城市供水、排污监测等。整套系统可作用于城市辖区内涝综合监测预警，在地上渠道、排水口、下凹道路、地下停车场、涵洞、城市河湖水系以及地下排水管网系统各重要节点处统一布设监测节点，实现汛期涝情趋势预演及预警，并能联动政府部门启动应急机制。

4. 解决的具体问题

(1) 将微波测距技术与水位探测相结合，开发出新型雷达水位计产品，解决了传统接触式探测设备易受浑水、污泥、水生植物等因素的影响问题；同时采用FMCW测距模式并用专利技术处理后端信号，产品运行可靠性高，可消除水面晃动的干扰，从而进一步保证测量的精度。

(2) 由于现有的对水流的监测主要采用机械转子式流量计、超声波流量计等等，但转子式流速计需长期安置在水中，容易对流速计造成损耗，测量精度不高；超声波流速计的声速受水流流速的影响较大，且当被测液体含有气泡或杂音时，容易影响测量精度。因此采用微波雷达技术的新型流速探测产品优势凸显，能适用于各种环境下水流流量的测试。

(3) 雷达流速计可以实现一点和多点河流表面流速监测。当河流断面基本稳定时，由断面平均流速结合水位计获取的水位就可以计算出河道实时流量。

(4) 雷达水位计和雷达流速仪结构精简小巧，不仅可用于地上渠道、排水口、下凹道路、地下停车场、涵洞、城市河湖水系等节点安装，也非常适于地下排水管网系统节点安装。配置GPS及通信功能后，即可对测点进行定位，方便监控与管理。

(5) 统解决了人工定点定时、反复巡查的繁琐。全自动化监测系统可保证雨季或汛期全天24小时监测以及日常定时监测，能够更加准确和迅速的获取水情信息，尽快帮助后期预警预案的生成。

(6) 系统自然生成图表，便于常规分析和模型分析，可靠、合理。尤其是借助现有的GIS技术及SWMM模型，构建内涝推演数学模型，可用以分析计算出实时涝情趋势。对比现有的洪灾风险分析方法，该模型可帮助事前预警，在灾害来临前迅速判断其演进趋势。

(7) 系统可在灾害来临时及时联动相关政府职能部门，辅助制定并启动相应的紧急预案。同时可通过远程控制终端联动相关设备，例如指导闸门、泵站的开启程度和开启时机等调度动态等，帮助迅速处理内涝危机。

5.4.2 案例介绍

（1）终端案例

案例如图 5-36 所示。

罗湖银湖水库　　　　　福田新洲路某辅道　　　　福田莲花立交桥洞附近

滨河皇岗立交桥南桥洞　　　南山荔山明渠　　　市内某居民区附近内河

图 5-36　终端安装实例

（2）系统案例

城市内涝监测预警系统率先在广东省深圳市罗湖区、福田区及南山区进行试点安装运行。

在汛期，对市内路面易积水点、水库、河流、排水口水位和流速进行实时监测，并通过系统平台分析历史及实时数据，预测动态变化，以便及时发布水情预警。

1）终端布设在渠道、排水口、下凹道路、地下停车场、涵洞、城市河湖水系等点位。以水位监测、流速监测与雨情监测为主见图 10，并辅以视频监控，现场或通过 LED 发布实时水情及预警信息。采用太阳能结合蓄电池的供电方式，以应对内涝所导致的突发断电情况。现场终端结合 RTU 实现遥测、遥信、遥控功能，同时提供 GPRS 模块为系统提供精确的地理位置信息。

① 终端安装采用旋转支架或立杆方式。

② 平均无故障工作时间≥16000h。

179

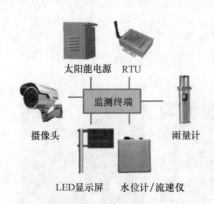

太阳能电源　　RTU

摄像头

监测终端

雨量计

LED显示屏　　水位计/流速仪

图 5-37　终端设备

③ 具有定时自检发送功能；支持休眠唤醒工

作方式，降低监测站的功耗；配置有 GPS 功能。终端安装（图 5-37）

2）无线组网

● 采用 GPRS 无线组网方式将各个测量设备进行组合构成测量网络。

● 监测点对水位流速测量数据等按规定格式打包后，通过 GSM 模块以短信方式传送到监测平台的短信收发中心。

● 监测中心的命令和各类信息也以短信方式发送至现场监测点。

无线组网构成见图 5-38 示意。

3）系统运行

基本功能：

● 在线监测：实时上报水位、流速、雨量信息；

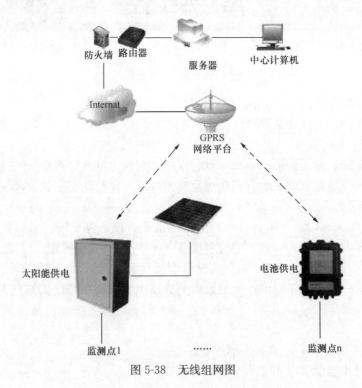

防火墙　路由器

服务器　　中心计算机

Internat

GPRS
网络平台

太阳能供电

电池供电

监测点1　　……　　监测点n

图 5-38　无线组网图

180

- 动态预警：预警等级信息发布与动态更新；
- 图表分析：水情实时/历史数据与变化趋势、报警信息查询与变化趋势。

（4）终端管理

- 终端信息配置：终端属性、位置信息、报警阈值、参数设置。
- 具备地理信息校准功能。
- 查看终端设备状态。
- 手机号码绑定。

（5）终端数据查询

- 查询终端设备所对应的历史/实时数据。
- 包含正常数据与报警数据。

（6）短信查询

- 查询通过 GSM 模块按规定格式打包上传的数据短信。
- 短信类型包含实时数据、终端上报频率、终端参数更新。

（7）动态预警

- 预警信息和状态显示、内部预警、外部预警、预警反馈、预警记录查询、预警指标显示修改。
- 根据预先设置的预警规则进行智慧预警。
- 具有预警信息消除机制。
- 启动远程控制平台，联动应急设备。

图 5-39　动态预警图

- 预留洪水演进过程模拟。

动态预警图如图 5-39 所示。

3. 使用单位的反馈意见

经用户反馈，我司的水文探测产品非常适用于汛期水位、流速监测。特别是产品所采用的平面微带天线结构，与市场目前所使用的喇叭天线或导波管结构的产品相比，在抗干扰性、测量精度及安装维护上具有明显优势，可谓在国内水文探测领域处于领先地位，同时，产品结构紧凑小巧，接口丰富，适于集成各种现有测流系统，满足探测距离及精度要求。

客户认为，雷达水位计和雷达流速仪产品的应用，可实时、精确地监测河流水位和流速等水文信息，可对汛期防洪减灾起到积极作用，能有效减少经济损失和人员伤亡，值得在广大水文机构推广使用。

另外，对于城市内涝预警监测项目，使用单位认为，前端探测产品的多样化大大提升了监测网络的覆盖范围，从地表到地下网点的全面监测，使得预警系统能针对内涝水情获取更丰富更真实的实时数据。

5.4.3 企业介绍

小儒技术（深圳）有限公司成立于 2007 年，是一家专业以传感器技术及其智能化解决方案供应为主的高新技术企业。公司立足于民用雷达市场，与国际知名的传感器及微波设备公司密切合作，吸收国外先进技术并积极推动技术国产化进程。公司以平面微带雷达及超宽带雷达为核心研发方向，成功研发出多款传感器及智能监测产品，包括交通监测用雷达，水文监测用雷达水位计、雷达流速仪系列产品，教学实验与安防用雷达及报警装置。其中在非接触式水文探测、城市内涝监测以及地下管网排水监控预警等领域更是形成了独特的技术优势，核心产品包括多款地上及地下水位、流速探测设备，涉及 24G 平面雷达及超宽带雷达技术，对智慧城市中智能水文的信息化建设与管理起到了不容忽视的作用。

公司在平面雷达天线设计及后端信号处理技术方面拥有多项自主知识产权，同时参与水文类监测产品的国家标准起草，并致力于成为业界一流的传感器设备及水文产品研制专家。现已建立大型生产基地和试验基地，可满足水文仪器产品的精密型检测。

目前，公司的产品和服务得到了客户的广泛好评，客户遍及华中、华北、华东、华南等地区的高校和科研机构，以及政府部门、企事业单位、和成套设备供应商，产品覆盖智能交通、电子安防、水文监测、工业控制、医疗监护等众多领域。

5.5 海绵城市玻璃钢雨水收集、调蓄、渗透设备

——湖南易净环保科技有限公司

5.5.1 玻璃钢雨水收集系统

玻璃钢雨水收集系统是由玻璃钢雨水收集池、玻璃钢净化罐和玻璃钢清

水池组成。其特点是：施工速度快（1～2天）；玻璃钢池体强度高（15000N/m²）；玻璃钢雨水收集系统使用寿命长（70年）；使用玻璃钢材料节能环保；玻璃钢雨水收集系统运营维护简单方便；必要时可方便下人检修。

1. 玻璃钢雨水收集池

（1）作用：收集粗过滤后的雨水，初步沉淀雨水中的泥沙等污染物质；

（2）材质：采用玻璃钢材质，均由筒体和封头组成，筒体采用肋和筒体一次缠绕工艺生产，封头由不饱和树脂灌入模具中成型；

（3）池体刚度：初始环刚度不小于15000N/m²；

检修口：2个，直径大于650mm，高出筒体大于150mm；

（4）安装方式：地埋式；

（5）外观质量：外表面应光滑、无裂纹，色泽应均匀，不应有明显划痕；罐体内表面应光滑平整，不应有玻璃纤维裸露，无目测可见裂纹、划痕、疵点及白化分层等缺陷；

（6）筒体、封头质量：筒体和封头的拉伸强度和弯曲强度应符合表5-3的要求。

表5-3　筒体和封头的拉伸强度和弯曲强度表

试件厚度/mm	拉伸强度/MPa	弯曲强度/MPa
≥3.2～5.0	≥60	≥109
>5.0～6.5	≥83	≥127
>6.5～10.0	≥93	≥137
>10.0	≥108	≥147

注：拉伸强度和弯曲强度仅用于检验制品材料的力学性能和工艺质量，不作为设计依据。

2. 玻璃钢净化罐

（1）特点：地埋雨水一体化净化罐功能齐全、性能优异，安装简单、快速；具有纳污能力高、耐腐蚀性强、耐温好、流量大的特点、操作方便、使用寿命长，一体化净化罐在雨水收集利用系统中有力地保证了雨水收集利用过程中的过滤品质；

（2）尺寸：$\phi2300\times3200$；

（3）材质：采用玻璃钢材质，均由筒体和封头组成，筒体采用肋和筒体一次缠绕工艺生产，封头由不饱和树脂灌入模具中成型；

（4）池体刚度：初始环刚度大于等于15000N/m²；

（5）检修口：1个，直径大于650mm，高出筒体大于150mm。

（6）净化罐内集成了自动清洗过滤器、紫外消毒器等净水设备。

3. 玻璃钢清水池

（1）作用：储存净化后的雨水供绿化及冲洗厕所用。

（2）材质：采用玻璃钢材质，均由筒体和封头组成，筒体采用肋和筒体一次缠绕工艺生产，封头由不饱和树脂灌入模具中成型；

（3）池体刚度：初始环刚度大于等于 $15000N/m^2$；

（4）安装方式：地埋式；

（5）外观质量：外表面应光滑、无裂纹，色泽应均匀，不应有明显划痕；罐体内表面表面应光滑平整，不应有玻璃纤维裸露，无目测可见裂纹、划痕、疵点及白化分层等缺陷；

（6）筒体、封头质量：筒体和封头的拉伸强度和弯曲强度应符合表 1 的要求。

4. 工作原理

前期弃流后的雨水，流入玻璃钢雨水收集池内，通过雨水净化后，流入清水池，通过回用系统使雨水用于绿化灌溉、景观用水，洗车、冲厕等。玻璃钢雨水收集系统流程及高程图如图 5-40、图 5-41 所示；

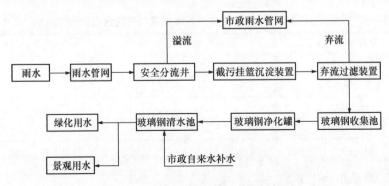

图 5-40 雨水收集系统流程图

（1）蓄水池内安装一台排污泵：排污泵选用潜水排污泵，选用电缆线规格为 RVV-3×2.50 SC32 泵控制方式为：手动开启，排污 20min 自动停泵，手动启泵，低液位自动停泵；

（2）蓄水池内安装两台供水泵：供水泵选用潜水排污泵，选用电缆线规格为 RVV-4×2.50 SC32 泵控制方式为：手动启泵手动停泵，手动启泵低液位停泵；

（3）蓄水池内安装一台射流曝气泵：射流曝气泵，选用电缆线规格为 RVV-4×2.50 SC32 泵控制方式为：手动启泵手动停泵，雨季期间，蓄水池内的水长期不需使用的情况下开启曝气泵，抑制水池内细菌滋生；

184

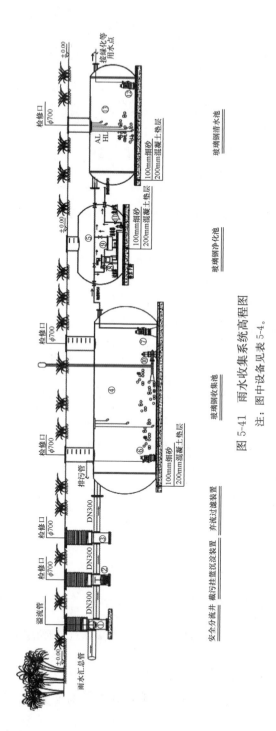

图 5-41　雨水收集系统高程图

注：图中设备见表 5-4。

（4）玻璃钢设备罐安装一台排污水泵：排污水泵选用潜水排污泵，选用电缆线规格为 RVV-3×2.50 SC32 泵控制方式为：手动启泵手动停泵，低液位自动停泵；

（5）全自动自清洗过滤器：自动运行时与供水泵联动控制，也可手动控制；

（6）紫外线消毒器：自动运行时与供水泵联动控制，也可手动控制；

（7）控制面板和电控柜显示齐全，有各用电设备运行、停止、过载、缺相、面板漏电、电机进水、电流、电压等显示。并对泵进行保护（过载、缺相、短路、渗漏）。

其主要设备和材料见表 5-4。玻璃钢雨水收集系统自控系统如图 5-42 所示。

表 5-4　主要设备材料表

序号	名称	单位	数量	备注
1	安全分流井	座	1	
2	截污挂篮沉淀装置	座	1	
3	弃流装置井	座	1	
4	玻璃钢罐雨水收集池	座	1	
5	玻璃钢净化罐	座	1	
6	排泥泵	台		
7	雨水提升泵	台	2	一用一备
8	全自动清洗过滤器	台	1	
9	紫外线消毒器	台	1	
10	射流曝气泵	台	1	免外接气源式
11	设备间排污泵	台	1	
12	变频供水泵	台	2	一用一备
13	玻璃钢清水池	座	1	

5.5.2　玻璃钢雨水调蓄系统

玻璃钢雨水调蓄系统具有与玻璃钢雨水收集系统同样的特点和优势。方便下人检修。

1. 适用范围

削减雨水管渠峰值流量；解决下游现状雨水管渠过流能力不足。

2. 系统原理

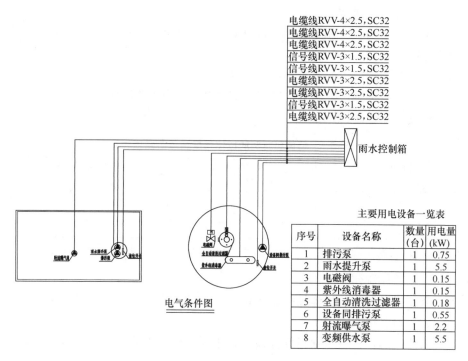

图 5-42 玻璃钢雨水收集系统自控系统图

主要用电设备一览表

序号	设备名称	数量(台)	用电量(kW)
1	排污泵	1	0.75
2	雨水提升泵	1	5.5
3	电磁阀	1	0.15
4	紫外线消毒器	1	0.15
5	全自动清洗过滤器	1	0.18
6	设备同排污泵	1	0.55
7	射流曝气泵	1	2.2
8	变频供水泵	1	5.5

雨水峰值流量时流入玻璃钢调节池，低流量时再排出。

说明：在雨水汇水面下游设置雨水调蓄池，将洪峰雨水暂存在池内，待雨水洪峰消退后，再将调蓄池内的雨水排出至市政雨水管网，从而减轻市政雨水管网排水压力。

3. 设计要点

（1）玻璃钢雨水调节池三种形式

溢流堰式——适用于陡坡地形；

底部流槽式——适用于平坦地形、管道埋深较大；

中部侧堰式——适用于平坦地形、管道埋深较浅。

（2）调节池采用玻璃钢材质。

（3）调节池有效容积根据上下游雨水管渠设计流量及当地降雨情况确定，可参考下式进行估算：

$$V = \left[-\left(\frac{0.65}{n^{1.2}} + \frac{b}{t} \times \frac{0.5}{n+0.2} + 1.10 \right) \lg(\alpha + 0.3) + \frac{0.215}{n^{0.15}} \right] \times Q \times t$$

4. 制作要求

（1）材质及强度

调节池全部采用玻璃钢材质，均由筒体和封头组成，池体刚度15000Pa。

（2）封头制作

工艺：封头制作采用真空导流技术、充气脱模工艺制作。

强度：如表5-5所示。

表5-5　筒体和封头的拉伸强度和弯曲强度表

试件厚度/mm	拉伸强度/MPa	弯曲强度/MPa
≥3.2~5.0	≥60	≥109
>5.0~6.5	≥83	≥127
>6.5~10.0	≥93	≥137
>10.0	≥108	≥147

注：拉伸强度和弯曲强度仅用于检验制品材料的力学性能和工艺质量，不作为设计依据。

（3）筒体制作

采用机械缠绕；筒体加强筋与筒体一次缠绕成型。

（4）检验出厂

入库产品，进行多项指标性检测，达到设计标准后方可出具合格报告，入库存放。

5. 工作原理

溢流堰式、中部侧堰式、底部流槽式三种雨水调节池形式的原理图见图5-43、图5-44和图5-45。

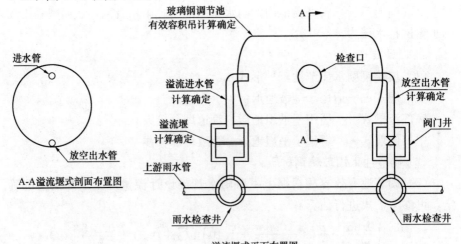

图5-43　溢流堰式布置图

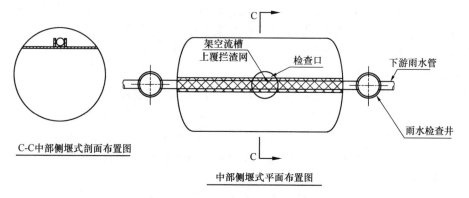

图 5-44 中部侧堰式布置图

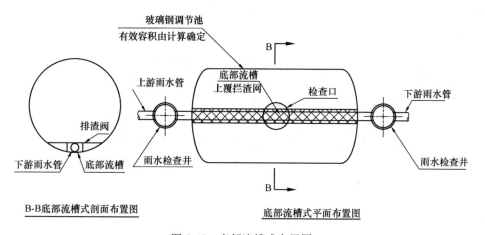

图 5-45 底部流槽式布置图

5.5.3 玻璃钢雨水渗透系统

屋面或道路雨水经管道输送到雨水过滤井分离泥沙，上清液雨水进入玻璃钢雨水渗透池系统。渗透池由玻璃钢材料一次缠绕而成，通过池体侧面的小孔渗透雨水，并对雨水进行蓄存和截留。超过设计重现期的雨水经系统的溢流管排出。

玻璃钢雨水渗透系统具有如下优势：玻璃钢雨水渗透系统施工速度快（1—2 天）；玻璃钢池体强度高（10000N/m²）；玻璃钢雨水渗透系统使用寿命长（70 年）；使用玻璃钢材料节能环保，场地可任意组合；玻璃钢雨水渗透系统运营维护简单方便；必要时可方便下人检修。

1. 基坑开挖

（1）基坑开挖前，应向挖土人员详细交底，交底内容一般包括挖槽断面、挖土位置，现有地下构筑物情况及施工技术、安全要求等，并指定专人配合，其配合人员应熟悉挖土有关安全操作规程，并及时测量槽底高程和宽度，防止超挖。

（2）基坑开挖时，先进行详细有测量定位并用石灰标示出开挖边线，复测无误后可指挥人员人工进行开挖。开挖时需放坡开挖，基坑开挖坡比按1：1或 大于1：1。开挖出来的余泥堆放于坑槽外侧，同时组织散体物料运输车外运余泥，堆土坡脚距槽边1m以外，堆土高度不超过2m，堆土坡度不徒于自然坡度。

（3）基坑开挖时，质安人员要加强巡视现场，密切注意周围土体的变形情况及坑槽内可能出现的涌水、涌砂、淤泥、及坑底土体的隆起反弹、地基承载力达不到基础设计要求等，一旦发现以上问题，应立即停止开挖，采取其他特殊措施。

（4）土方开挖至设计标高后，于基坑一角设集水坑一处，并于基坑四周设置集水道，将地下水汇集于集水坑内，设置一台泥浆泵抽水。

2. 基础施工

基坑开挖至设计标高，复测无误后，根据基座要求，施工时将坑底浮土挖掉，在坑底测设中线、边线、打设水平木桩，并配筋双层双向搭筋，三级钢 ϕ16@150。完成后灌筑垫层 C30 混凝土。待钢筋混凝土基础干透后覆上 10mm 厚的中粗砂垫层。

3. 雨水渗透池出厂及运输

雨水渗透池在生产完毕后，经过严格地检验确认为合格品，才能对其进行装车。由于玻璃钢雨水渗透池的体积较大且质量较轻。为防雨水渗透池在运输过程中，发生碰撞，而磨损雨水渗透池外壁及端口。特别是对于雨水渗透池、管件带法兰包装时，应注意对法兰的端面水线及密封面进行保护，防止被磨损。在雨水渗透池的运输过程中，雨水渗透池的底部应嵌入木楔使之保持稳定。雨水渗透池运输过程中使用柔韧的带子或绳子将它们固定在运输工具上，不得使用没有衬垫的钢丝或链条以免使雨水渗透池发生磨损。

4. 雨水渗透池吊装

玻璃钢雨水渗透池安装方法以安全操作方便为原则，针对施工现场的实际情况，采取机械和人工相结合的安装方式。

（1）安装时，应用非金属绳索扣系住，不得串心安装；

（2）安装过程中，玻璃钢雨水渗透池应平稳下坑，不得与坑壁或坑底相碰撞，保证坑壁不坍塌；

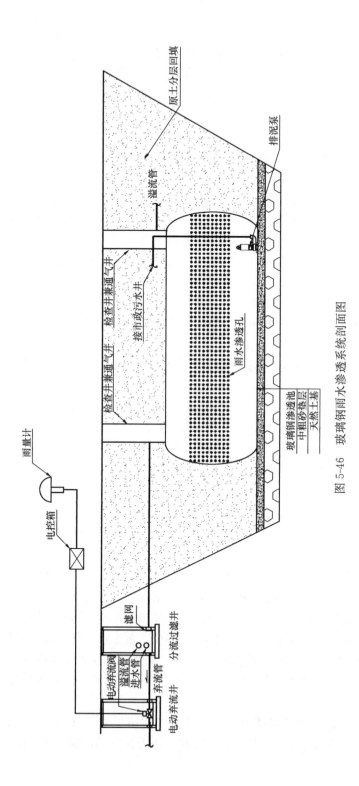

图 5-46 玻璃钢雨水渗透系统剖面图

（3）安装时核对设计图纸注意雨水渗透池进出口方向；

（4）安装就位后，测定水平度，局部调整垫层使之水平；复测雨水渗透池标高；

（5）雨水渗透池安装完毕后，进行管道连接。

5. 分层回填

回填的材料必须符合设计图纸及规范要求，严禁将建筑垃圾作为土壤回填，回填土中大的尖角石块应剔除，回填土应分层夯实，按每层 300mm 进行，宜用人工夯实，切忌局部猛力冲击，必须遵守施工规范中回填土作业的条文规定，必须使基坑周围回填土密实。密实度应符合《给水排水管道工程施工及验收规范》规范规定，同时应注意以下事项：

回填顺序应按排水方向由高到低分层进行，基坑内不得有积水；基坑两侧应同时对称回填夯实，以防雨水渗透池身位移；

回填高度应回填至玻璃钢雨水渗透池罐顶，不得掩埋罐顶部的检查孔；玻璃钢雨水渗透池罐顶至地面部位要完成检查井的筑砌。

6. 设备安装

玻璃钢雨水渗透池固定回填好后将罐内的水抽出，进行设备及管道管线安装以及调试。

7. 砌检查井

砌筑各种井前必须将基础面洗刷干净，并定出中心点，划上砌筑位置及标出砌筑高度，便于操作人掌握。玻璃钢雨水渗透池共有两个检查孔。

（1）检查井砌筑检查圆井应该挂线校核井内径及圆度，收口段高度应事先确定；

（2）检查井内外壁用 1∶2 水泥砂浆抹面厚 20mm，井底设置流槽；

（3）井砌完后，及时装上预制井环，安装前校核井环面标高与路面标高是否一致，最后再坐浆垫稳。

8. 工作原理

本系统适用于屋面雨水的回收利用。雨水经过分流过滤井经初期弃流过滤后，进入玻璃钢雨水渗透池并自然沉淀。渗透池采用玻璃钢材质制作，由筒体和封头组成，筒体采用肋和筒体一次缠绕工艺生产，封头由不饱和树脂灌入模具中成型。设置 2 个检修兼通气口，检修口直径大于 650mm，高度大于 150mm。池体初始环刚度大于等于 $15000N/m^2$。渗透池侧面开孔尺寸：$\phi6mm$，间距 15mm。

图 5-47 和图 5-48 是串联和并联两种方式适用于雨水收集池、雨水调节池、雨水渗透池的连接。罐体之间的连接采用柔性方式，能有效防止地面不

均匀沉降引起的连接管道开裂等问题。

图 5-47 玻璃钢池体串联示意图

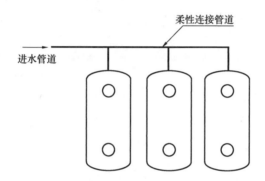

图 5-48 玻璃钢池体并联示意图

附录 A 计算公式

附表 1 计算公式

公式编号	名　称	公　式
1-1	综合雨量径流系数加权平均值	$\psi_c = \dfrac{\Sigma\, \psi_{ci} F_i}{\Sigma\, F_i}$
1-2	综合流量径流系数加权平均值	$\psi_m = \dfrac{\Sigma\, \psi_{mi} F_i}{\Sigma\, F_i}$
1-3	受水面降雨径流总量	$W_j = 10\psi_c h_y F$
1-4	雨水初期弃流量	$W_i = 10\delta F_i$
1-5	受水面降雨总量	$W = 10 h_y F$
1-6	透水地面的雨水渗透量	$W_s = \alpha K J A_s t_s$
2-1	汇水面产流历时的蓄积水量	$W_p = \max(W_c - W_s)$
2-2	雨水渗透设施进水量	$W_c = 1.25 \left[60 \times \dfrac{q_c}{1000} \times (F_y \psi_m + F_0) \right] t_c$
2-3	排水管内流量	$q_p = A \cdot v$
2-4	排水管内的流速	$v = \dfrac{1}{n} R^{2/3} I^{1/2}$
2-5	透水路面结构厚度	$H_a = (i - 36 \times 10^4 t/v)$
2-6	受水面地表径流流量	$Q = \psi_m q_c F$
2-7	雨水处理设施处理流量	$Q_y = \dfrac{W_y}{T}$
2-8	生活给水管道最大用水时卫生器具给水当量平均出流概率	$U_0 = \dfrac{100 q_L m K_h}{0.2 N_g T \times 3600}$

公式编号	名　　称	公　　式
2-9	雨水处理沉淀集水区容积	$V_c = Q_y T_c$
2-10	雨水处理过滤区过滤表面积	$F_G = \dfrac{Q_y}{v_G T}$
2-11	调蓄池容积	$V_{TX} = \max\left[\dfrac{60}{1000}(Q - Q') t_m\right]$
2-12	雨水调蓄系统排水流量	$Q' = \dfrac{1000W}{t'}$
2-13	调蓄池容积	$V_{TX} = \max\left[\left(\psi_m q_c - \dfrac{100}{t'}\psi_c h_y\right)\dfrac{60}{1000}F t_m\right]$
2-14	调蓄池容积简化计算	$V_{TX} = \max\left[(\psi_m - 0.2)\dfrac{60}{1000}q_c F t_m\right]$
2-15	不同坡度排水管内流量换算	$Q' = 10 Q_0 \sqrt{i'}$
2-16	雨水调蓄内溢流堰的堰顶标高	$Z_{ov} = Z_n + \dfrac{V_{TX}}{A_T}$

附录 B　符号说明

附表 2

序号	符号	说　　明	所在公式
1	A	排水管道断面面积（m^2）	2-3
2	A_T	雨水调蓄池有效水平截面积（m^2）	2-16
3	A_s	透水地面的面积（m^2）	1-6
4	F	雨水受水面积（hm^2）	1-3
5	F_0	渗透设施的直接受水面积（hm^2），埋地渗透设施为 0	2-2
6	F_G	过滤器过滤表面积（m^2）	2-10
7	F_i	雨水汇水面上各类下垫面面积（m^2）	1-1
8	F_i	雨水初期硬性屋（地）面的弃流面积（hm^2）	1-4
9	F_y	渗透设施受纳的集水面积（hm^2）	2-2
10	h_y	设计降雨厚度（mm）	1-3
11	I	排水管坡度	2-4
12	i'	排水管实际坡度	2-15
13	J	水力坡降	1-6
14	K	土壤渗透系数（m/s）	1-6
15	K_h	用水量小时变化系数	2-8
16	m	每户用水人数（人/户）	2-8
17	m	降雨历时折减系数	2-6
18	n	管道内壁粗糙系数	2-4
19	N_g	卫生器具给水当量数	2-8
20	P	雨水系统设计重现期（年）	2-6
21	Q	受水面地面径流形成的径流流量（L/s）	2-6
22	Q_0	由水力计算表查得当坡度为 0.01 时，塑料排水管的流量（L/s）	2-15
23	Q_y	雨水处理设施处理能力（m^3/h）	2-7
24	Q'	雨水调蓄系统设计排水流量（L/s）	2-11
25	Q'	坡度为 i' 的塑料排水管内的流量（L/s）	2-15
26	q_c	渗透设施产流历时对应的暴雨强度[L/(s·hm^2)]	2-2
27	q_L	最高用水日的用水定额（L/人·d）	2-8
28	q_p	排水管内流量（m^3/s）	2-3
29	R	水力半径（m）	2-4
30	T	雨水处理设施日运行时间（h）	2-7

序号	符号	说　明	所在公式
31	T	用户用水时间(h)	2-8
32	T_c	沉淀集水时间(h)	2-9
33	t	降雨历时(min)	2-6
34	t_1	汇水面初始汇水时间(min)	2-6
35	t_2	雨水在管渠内流行时间(min)	2-6
36	t_c	渗透设施产流历时(min)	2-2
37	t_m	调蓄池蓄水历时(min)	2-11
38	t_s	渗透时间(s)	1-6
39	t'	调蓄水池内雨水排空时间(s)	2-12
40	U_0	生活给水管道最大用水时卫生器具给水当量平均出流概率	2-8
41	V_c	沉淀集水区容积(m³)	2-9
42	V_{TX}	雨水调蓄池容积(m³)	2-11
43	v	雨水管内流速(m/s)	2-3
44	v_G	设计过滤滤速(m/h)	2-10
45	W	受水面降雨总量(m³)	1-5
46	W	汇水面积上雨水设计径流总量(m³)	2-12
47	W_c	渗透设施进水量(m³)	2-1
48	W_i	雨水初期弃流量(m³)	1-4
49	W_j	受水面降雨径流总量(m³)	1-3
50	W_p	雨水蓄渗设施产流历时内的蓄积水量(m³)	2-1
51	W_s	透水地面的雨水渗透量(m³)	1-6
52	W_y	雨水处理系统最高日回用水量(m³)	2-7
53	Z_{ov}	雨水调蓄池内溢流堰的堰顶标高(m)	2-16
54	Z_w	雨水调蓄池内用于回用水的储存容积对应的距池底的高度(m)	2-16
55	α	透水地面雨水渗透量计算时的综合安全系数	1-6
56	ψ_c	综合雨量径流系数	1-1
57	ψ_{ci}	各类下垫面的雨量径流系数	1-1
58	ψ_m	综合流量径流系数	1-2
59	ψ_{mi}	各类下垫面的流量径流系数	1-2
60	δ	雨水初期弃流厚度(mm)	1-4

附录C 雨水系统规划、设计计算常遇规范、规程条文内容摘录

附表3 规范、规程常遇条文内容摘录

雨水系统分属		《建筑与小区雨水利用工程技术规范》的条文	《雨水控制与利用工程设计规范》的条文
规划内容	• 编制规划对总用地面积的要求		4.1.4 总用地面积为5公顷（含）以上的新建工程项目，应先编制雨水控制与利用规划，再进行工程设计。用地面积小于5公顷的，可直接进行雨水控制与利用工程设计，且应按照规划指标要求执行
	• 规划的设计标准	4.1.5 雨水利用系统的规模应满足建设用地外排雨水设计流量不大于开发建设前的水平或规定的值，设计重现期不得小于1年，宜按2年确定	
	• 小区规划对外排径流系统的要求	4.2.2 径流系数应按下列要求确定：建设用地雨水外排管渠流量径流系数宜按扣损法经计算确定，资料不足时可采用0.25～0.4	4.1.3 雨水控制与利用工程的设计标准，应使得建设区域的外排水总量不大于开发前的水平，并满足以下要求： 1 已建成城区的外排雨水流量径流系数不大于0.5； 2 新开发区域外排雨水流量径流系数不大于0.4； 3 外排雨水峰值流量不大于市政管网的接纳能力
	• 规划对硬化面积、透水铺装率等的要求		4.2.3 雨水控制与利用规划应优先利用低洼地形、下凹式绿地、透水铺装等设施滞蓄雨水减少外排雨水量，并满足以下规定： 1 新建工程硬化面积达2000m² 及以上的项目，应配建雨水调蓄设施，具体配建标准为：每千平方米硬化面积配建调蓄容积不小于30m³ 的雨水调蓄设施； 1）硬化面积计算方法： 居住区项目，硬化面积指屋顶硬化面积，按屋顶（不包括实现绿化的屋顶）的投影面积计：

198

雨水系统分属		《建筑与小区雨水利用工程技术规范》的条文	《雨水控制与利用工程设计规范》的条文
规划内容	• 规划对硬化面积、透水铺装率等的要求		非居住区项目，硬化面积包括建设用地范围内的屋顶、道路、广场、庭院等部分的硬化面积，具体计算办法为：硬化面积＝建设用地面积－绿地面积（包括实现绿化的屋顶）－透水铺装用地面积； 2）雨水调蓄设施包括：雨水调节池、具有调蓄空间的景观水体、降雨前能及时排空的雨水收集池、洼地以及入渗设施，不包括仅低于周边地坪 50mm 的下凹式绿地。 2　凡涉及绿地率指标要求的建设工程，绿地中至少应有 50％为用于滞留雨水的下凹式绿地； 3　公共停车场、人行道、步行街、自行车道和休闲广场、室外庭院的透水铺装率不小于 70％； 4　新开发区域年径流总量控制率不低于 85％；其他区域不低于 70％
渗透设施	• 渗透设施适用的汇流面积		4.4.7　渗透洼地和渗透池（塘）应满足下列要求： 渗透池（塘）适用于汇流面积大于 $1hm^2$，且具有空间条件的场地
	• 透水铺装的设计降雨量和降雨历时		4.4.4　透水铺装地面设计降雨量应不小于 45mm，降雨持续时间为 60min
	• 入渗系统对土壤渗透系数和入渗时间的要求	4.1.3　雨水入渗系统的土壤渗透系数宜为 10^{-6} m/s～10^{-3} m/s，且渗透面距地下水位大于 1.0m；收集回用系统宜用于年均降雨量大于 400mm 的地区；调蓄排放系统宜用于有防洪排涝要求的场所	4.4.3　雨水入渗系统设计应满足下列要求： 1　采用土壤入渗时，土壤渗透系数宜大于 10^{-6} m/s，且地下水位距渗透面高差大于 1.0m； 2　当入渗系统空隙容积计为调蓄设施时，应满足其入渗时间不大于 12h

雨水系统分属		《建筑与小区雨水利用工程技术规范》的条文	《雨水控制与利用工程设计规范》的条文
渗透设施	• 渗透设施的渗透能力要求	6.1.4 渗透设施的日渗透能力不宜小于其汇水面上重现期2年的日雨水设计径流总量。其中入渗池、井的日入渗能力，不宜小于汇水面上的日雨水设计径流总量的1/3。雨水设计径流总量按本规范第（4.2.1-1）式计算，渗透能力按本规范第（6.3.1）式计算	4.3.9 渗透设施的日渗透能力不宜小于其汇水面上81mm降雨量，渗透时间不应超过24h
	• 透水铺装地面的蓄水能力	6.2.2 透水铺装地面应符合下列要求： 透水地面面层的渗透系数均应大于 1×10^{-4} m/s，找平层和垫层的渗透系数必须大于面层。透水地面设施的蓄水能力不宜低于重现期为2年的60min降雨量；对于北京相当于45mm	
	• 入渗系统对储容容积的要求	6.1.5 入渗系统应设有储存容积，其有效容积宜能调蓄系统产流历时内的蓄积雨水量，并按本规范第（6.3.4～6.3.6）式计算；入渗池、井的有效容积宜能调蓄日雨水设计径流总量。雨水设计重现期与渗透能力计算中的取值一致	
	• 渗透设施的渗透时间		3.3.1 渗透设施的渗透量按下式计算： $$W_s = \alpha K J A_s t_s \quad (3.3.1)$$ 式中 W_s——渗透设施渗透量（m³）；即渗透面积上渗入地下的雨水； α——综合安全系数，一般取 0.5～0.6； t_s——渗透时间（s），当用于调蓄时应≤12h，渗透池（塘）、渗透井可取≤72h，其他≤24h

雨水系统分属		《建筑与小区雨水利用工程技术规范》的条文	《雨水控制与利用工程设计规范》的条文
渗透设施	• 渗透设施的产流历时	6.3.4 渗透设施产流历时内的蓄积雨水量应按下式计算： $$W_p = \max(W_c - W_s) \qquad (6.3.4)$$ 式中 W_p——产流历时内的蓄积水量（m³）；产流历时经计算确定，并宜小于120min； 　　　W_c——渗透设施进水量（m³）	3.3.3 渗透系统产流历时内的蓄积雨水量按下式计算： $$W_P = \max(W_c - W_s) \quad (3.3.3)$$ 式中 W_P——产流历时内的蓄积水量（m³），产流历时经计算确定，不宜大于120min
弃流装置	• 雨水初期弃流量厚度		3.2.11 初期弃流量宜按式3.2.11进行计算。当有特殊要求时，可根据实测雨水径流中污染物浓度确定。 $$W_i = 10 \times \delta \times F \quad (3.2.11)$$ 式中 W_i——初期弃流量（m³）； 　　　δ——初期径流厚度（mm）；一般屋面取1～3mm，小区路面取2～5mm，市政路面取7～15mm。
	• 室内弃流池自动提升设备的设计标准	7.2.4 当蓄水池和弃流池设在室内且溢流口低于室外地面时，应符合下列要求： 1 当设置自动提升设备排除溢流雨水时，溢流提升设备的排水标准应按50年降雨重现期5min降雨强度设计，并不得小于集雨屋面设计重现期降雨强度	

雨水系统分属		《建筑与小区雨水利用工程技术规范》的条文	《雨水控制与利用工程设计规范》的条文
回用水处理设施	• 屋面雨水处理工艺流程	8.1.3 屋面雨水水质处理根据原水水质可选择下列工艺流程： 1 屋面雨水→初期径流弃流→景观水体； 2 屋面雨水→初期径流弃流→雨水蓄水池沉淀→消毒→雨水清水池； 3 屋面雨水→初期径流弃流→雨水蓄水池沉淀→过滤→消毒→雨水清水池	
	• 雨水径流总量与回用水量的确定	7.1.2 雨水收集回用系统设计应进行水量平衡计算，且满足如下要求： 1 雨水设计径流总量按本规范（4.2.1-1）式计算，降雨重现期宜取1～2年； 2 回用系统的最高日设计用水量不宜小于集水面日雨水设计径流总量的40%； 3 雨水量足以满足需用量的地区或项目，集水面最高月雨水设计径流总量不宜小于回用管网该月用水量。 7.1.5 雨水可回用量宜按雨水设计径流总量的90%计	3.2.10 雨水收集回用系统规模应进行水量平衡分析，且应满足以下要求： 1 雨水径流总量按本规范3.2.1式计算，降雨量宜取45～81mm； 2 雨水可回用量宜按雨水径流总量的90%计算，并应扣除初期弃流量； 3 回用系统的最高日设计用水量不宜小于集水面雨水径流总量的40%
	• 回用设施的运行时间		4.8.4 雨水处理设备的日运行时间一般不超过16h，设备反冲洗等排污可排入污水管道
	• 回用水消毒方法的选用原则	8.1.5 回用雨水宜消毒。采用氯消毒时，宜满足下列要求： 1 雨水处理规模不大于100m³/d时，可采用氯片作为消毒剂； 2 雨水处理规模大于100m³/d时，可采用次氯酸钠或者其他氯消毒剂消毒	

雨水系统分属		《建筑与小区雨水利用工程技术规范》的条文	《雨水控制与利用工程设计规范》的条文
回用水处理设施	•回用水处理设备的自用水量		3.2.4 雨水回用于景观水体的日补水量应包括水面蒸发量、水体渗漏量以及雨水处理设施自用水量； 雨水处理系统采用物化及生化处理设施时自用水量为总处理水量的5%～10%；当采用自然净化方法处理时不计算自用水量
	•回用水处理设施蓄水池的容积		4.6.3 雨水池的回用容积可按下列要求进行计算： 降雨资料不足时，可采用45mm～81mm的降雨扣除初期径流后的径流量确定雨水池的回用容积
	•回用水处理设施清水池的容积	7.1.6 当雨水回用系统设有清水池时，其有效容积应根据产水曲线、供水曲线确定，并应满足消毒的接触时间要求。在缺乏上述资料的情况下，可按雨水回用系统最高日设计用水量的25%～35%计算	4.8.5 雨水清水池的有效容积，应根据产水曲线、供水曲线确定，并应满足消毒剂接触时间的要求。在缺乏上述资料情况下，可按雨水回用系统最高日设计用水量的25%～35%计算
调蓄设施	•调蓄系统的设计标准		4.7.2 调蓄系统的设计标准应与下游排水系统的设计降雨重现期相匹配，且不小于3年
	•下沉式广场雨水调蓄池设计标准		4.3.8 与建筑相连的下沉庭院的雨水调蓄设施的容积应满足50年一遇降雨时其外排雨水量不大于市政管网接纳能力的要求；当与地下交通直接相连时其雨水调蓄容积宜按100年一遇24h降雨量校核

附录 D 有关北京市的雨量资料

附表 4 北京地区多年年降雨统计（mm）

年份	降雨量	年份	降雨量	年份	降雨量	年份	降雨量
1953	657.6	1968	386.5	1983	489.9	1998	731.7
1954	960.9	1969	913.1	1984	488.8	1999	266.9
1955	931.4	1970	597.0	1985	721.0	2000	371.1
1956	1115.2	1971	511.0	1986	665.3	2001	338.9
1957	486.8	1972	374.0	1987	683.9	2002	370.4
1958	691.4	1973	698.1	1988	673.3	2003	444.9
1959	1404.6	1974	474.5	1989	442.2	2004	483.3
1960	526.4	1975	391.2	1990	697.3	2005	410.7
1961	599.5	1976	682.8	1991	747.9	2006	318.0
1962	366.9	1977	779.8	1992	541.5	2007	483.9
1963	775.5	1978	664.3	1993	506.7	2008	626.3
1964	817.2	1979	718.2	1994	813.2	2009	480.6
1965	261.4	1980	380.7	1995	572.5	2010	522.5
1966	526.7	1981	393.2	1996	700.7	2001	720.6
1967	592.4	1982	544.4	1997	430.9	2012	733.2

多年平均降雨量：595.0mm。

附表 5 北京地区典型降雨量资料

频率 \ 历时	最大 24h
3 年一遇	108
5 年一遇	141
10 年一遇	209
20 年一遇	270
50 年一遇	350
100 年一遇	416

附表 6 北京市不同典型降雨量资料 (mm)

频率 历时	最大 60min	最大 24h	最大 3d	最大 7d
2 年一遇	38	86	110	154
5 年一遇	60	144	190	258

附表 7 北京地区典型降雨量资料 (mm)

频率 历时	最大 24h
1 年一遇	45
2 年一遇	81

附表 8 北京地区年径流总量控制频对应的设计降雨量

年径流总量控制率（%）	55	60	70	75	80	85	90
设计降雨量（mm）	11.5	13.7	19.0	22.5	26.7	32.5	40.8

附录 E   全国部分城镇雨量资料

附表 9   全国部分城镇暴雨强度、降雨量

城镇名称		暴雨强度公式	降雨强度 q_5 (L/S·100m²)/ H(mm/h)			年均降雨量 (mm)	一年一遇日降雨量 (mm)	两年一遇日降雨量 (mm)
			$P=1$	$P=2$	$P=5$			
北京		$q=\dfrac{2001(1+0.811\lg P)}{(t+8)^{0.711}}$	3.23	4.02	5.06	571.9	45	81
			116	145	182			
上海		$i=\dfrac{9.4500+6.7932\lg T_E}{(t+5.54)^{0.6514}}$	3.40	4.14	5.11	1164.5	55.7	86.8
			123	149	184			
天津		$q=\dfrac{3833.34(1+0.85\lg P)}{(t+17)^{0.85}}$	2.77	3.48	4.42	544.3	45.7	76.6
			100	125	159			
河北	石家庄	$q=\dfrac{1689(1+0.898\lg P)}{(t+7)^{0.729}}$	2.76	3.51	4.49	517.0	33.8	59.7
			99	126	162			
	承德	$q=\dfrac{2839\left[1+0.728\lg(P-0.121)\right]}{(t+9.60)^{0.87}}$	2.64	3.30	4.14	512.0	31.7	52.0
			95	119	149			
	秦皇岛	$i=\dfrac{7.369+5.589\lg T_E}{(t+7.067)^{0.615}}$	2.66	3.27	4.07	—	—	—
			96	118	147			
	唐山	$q=\dfrac{935(1+0.871\lg P)}{t^{0.6}}$	3.56	4.49	5.72	—	—	—
			128	162	206			
	廊坊	$i=\dfrac{16.956+13.017\lg T_E}{(t+14.085)^{0.785}}$	2.80	3.44	4.30	—	—	—
			101	124	155			
	沧州	$i=\dfrac{10.227+8.099\lg T_E}{(t+4.819)^{0.671}}$	3.69	4.57	5.73	—	—	—
			133	164	206			
	保定	$i=\dfrac{14.973+10.266\lg T_E}{(t+13.877)^{0.776}}$	2.56	3.09	3.78	—	—	—
			92	111	136			
	邢台	$i=\dfrac{9.609+8.583\lg T_E}{(t+9.381)^{0.667}}$	2.64	3.35	4.29	—	—	—
			95	121	154			
	邯郸	$i=\dfrac{7.802+7.500\lg T_E}{(t+7.767)^{0.602}}$	2.81	3.63	4.70	—	—	—
			101	131	169			

城镇名称		暴雨强度公式	降雨强度 q_5 (L/S·100m²)/ H(mm/h)			年均降雨量 (mm)	一年一遇日降雨量 (mm)	两年一遇日降雨量 (mm)
			$P=1$	$P=2$	$P=5$			
河北	衡水	$q=\dfrac{3575(1+\lg P)}{(t+18)^{0.87}}$	2.34	3.04	3.97	—	—	—
			84	109	143			
	任丘	—	3.42	4.34	5.56	—	—	—
			123	156	200			
	张家口	—	2.14	2.80	3.67	—	—	—
			77	101	132			
山西	太原	$q=\dfrac{1446.22(1+0.867\lg T)}{(t+5)^{0.796}}$	2.31	2.92	3.72	431.2	26.4	50.7
			83	105	134			
	大同	$q=\dfrac{2684(1+0.85\lg T)}{(t+13)^{0.947}}$	1.74	2.18	2.77	371.4	24.0	40.0
			63	79	100			
	朔县	$q=\dfrac{1402.8(1+0.8\lg T)}{(t+6)^{0.81}}$	2.01	2.50	3.14	—	—	—
			72	90	113			
	原平	$q=\dfrac{1803.6(1+1.04\lg T)}{(t+8.64)^{0.8}}$	2.23	2.93	3.85	423.4	25.5	47.5
			80	105	139			
	阳泉	$q=\dfrac{1730.1(1+0.61\lg T)}{(t+9.6)^{0.78}}$	2.14	2.53	3.05	—	—	—
			77	91	110			
	榆次	$q=\dfrac{1736.8(1+1.08\lg T)}{(t+10)^{0.81}}$	1.94	2.57	3.40	—	—	—
			70	92	122			
	离石	$q=\dfrac{1045.4(1+0.81\lg T)}{(t+7.64)^{0.7}}$	1.77	2.20	2.76	—	—	—
			64	79	99			
	长治	$q=\dfrac{3340(1+1.43\lg T)}{(t+15.8)^{0.93}}$	1.99	2.84	3.97	—	—	—
			71	102	143			
	临汾	$q=\dfrac{1207.4(1+0.94\lg T)}{(t+5.64)^{0.74}}$	2.10	2.69	3.48	—	—	—
			76	97	125			
	侯马	$q=\dfrac{2212.8(1+1.04\lg T)}{(t+10.4)^{0.83}}$	2.29	3.00	3.95	—	—	—
			82	108	142			
	运城	$q=\dfrac{993.7(1+1.04\lg T)}{(t+10.3)^{0.65}}$	1.69	2.22	2.91	530.1	32.2	52.7
			61	80	105			

城镇名称		暴雨强度公式	降雨强度 q_5 $(L/S \cdot 100m^2)/$ $H(mm/h)$			年均降雨量 (mm)	一年一遇日降雨量 (mm)	两年一遇日降雨量 (mm)
			$P=1$	$P=2$	$P=5$			
内蒙	呼和浩特	—	—	—	—	399.5	22.4	48.4
	包头	$i=\dfrac{9.96(1+0.985\lg P)}{(t+5.40)^{0.85}}$	2.27	2.95	3.84			
			82	106	138			
	集宁	$q=\dfrac{534.4(1+\lg P)}{t^{0.63}}$	1.94	2.52	3.29			
			70	91	119			
	赤峰	$q=\dfrac{1600(1+1.35\lg P)}{(t+10)^{0.8}}$	1.83	2.58	3.56	371.0	24.2	41.5
			66	93	128			
	海拉尔	$q=\dfrac{2630(1+1.05\lg P)}{(t+10)^{0.99}}$	1.80	2.37	3.12	367.2	20.6	32.5
			65	85	112			
黑龙江	哈尔滨	$q=\dfrac{2989.3(1+0.95\lg P)}{(t+11.77)^{0.88}}$	2.50	3.22	4.16	524.3	32.6	50.6
			90	116	150			
	漠河	$q=\dfrac{1469.6(1+1.0\lg P)}{(t+6)^{0.86}}$	1.87	2.43	3.18			
			67	88	114			
	呼玛	$q=\dfrac{2538(1+0.857\lg P)}{(t+10.4)^{0.93}}$	2.00	2.51	3.19	471.2	26.2	39.2
			72	90	115			
	黑河	$q=\dfrac{2608(1+0.83\lg P)}{(t+8.5)^{0.93}}$	2.32	2.90	3.66			
			83	104	132			
	嫩江	$q=\dfrac{1703.4(1+0.8\lg P)}{(t+6.75)^{0.8}}$	2.37	2.94	3.70	491.9	31.1	45.6
			85	106	133			
	北安	$q=\dfrac{1503(1+0.85\lg P)}{(t+6)^{0.78}}$	2.32	2.91	3.69			
			83	105	133			
	齐齐哈尔	$q=\dfrac{1902(1+0.89\lg P)}{(t+6.4)^{0.86}}$	2.35	2.97	3.80	415.3	28.6	46.6
			84	107	137			
	大庆	$q=\dfrac{1820(1+0.91\lg P)}{(t+8.3)^{0.77}}$	2.23	2.84	3.64			
			80	102	131			
	佳木斯	$q=\dfrac{3139.6(1+0.98\lg P)}{(t+10)^{0.94}}$	2.46	3.19	4.15	—	—	—
			89	115	149			
	同江	$q=\dfrac{2672(1+0.84\lg P)}{(t+9)^{0.89}}$	2.55	3.20	4.05	—	—	—
			92	115	146			

城镇名称		暴雨强度公式	降雨强度 q_5 (L/S·100m²)/ H(mm/h)			年均降雨量 (mm)	一年一遇日降雨量 (mm)	两年一遇日降雨量 (mm)
			$P=1$	$P=2$	$P=5$			
黑龙江	抚远	$q=\dfrac{1586.5(1+0.81\lg P)}{(t+6.2)^{0.78}}$	2.41	3.00	3.77	—	—	—
			87	108	136			
	虎林	$q=\dfrac{1469.4(1+1.01\lg P)}{(t+6.7)^{0.76}}$	2.27	2.96	3.87	—	—	—
			82	106	139			
	鸡西	$q=\dfrac{2054(1+0.76\lg P)}{(t+7)^{0.87}}$	2.36	2.91	3.62	515.9	27.5	42.3
			85	105	130			
	牡丹江	$q=\dfrac{2550(1+0.92\lg P)}{(t+10)^{0.93}}$	2.05	2.62	3.38	537.0	26.4	44.1
			74	94	122			
	伊春	—	2.16	2.86	3.77	—	—	—
			78	103	136			
	东宁	—	2.09	2.64	3.36	—	—	—
			75	95	121			
	尚志	—	2.43	3.02	3.81	648.5	32.0	55.3
			87	109	137			
	勃利	—	2.44	3.18	4.15	—	—	—
			88	114	149			
	饶河	—	2.01	2.46	3.06	—	—	—
			72	89	110			
	绥化	—	2.70	3.39	4.29	—	—	—
			97	122	154			
	通河	—	2.48	3.00	3.68	585.0	31.2	47.5
			89	108	132			
	绥芬河	—	2.02	2.47	3.05	541.4	24.2	46.4
			73	89	110			
	讷河	—	2.36	3.00	3.85	—	—	—
			85	108	139			
	双鸭山	—	2.39	2.95	3.69	—	—	—
			86	106	133			

城镇名称		暴雨强度公式	降雨强度 q_5 (L/S·100m²)/ H(mm/h)			年均降雨量 (mm)	一年一遇日降雨量 (mm)	两年一遇日降雨量 (mm)
			$P=1$	$P=2$	$P=5$			
吉林	长春	$q=\dfrac{896(1+0.68\lg P)}{t^{0.6}}$	3.41	4.11	5.03	570.4	31.5	61.8
			123	148	181			
	白城	$q=\dfrac{662(1+0.70\lg P)}{t^{0.6}}$	2.52	3.05	3.75	—	—	—
			91	110	135			
	前郭尔罗斯蒙古族自治区	$q=\dfrac{696(1+0.68\lg P)}{t^{0.6}}$	2.65	3.19	3.91	422.3	27.8	46.4
			95	115	141			
	四平	$q=\dfrac{937.7(1+0.70\lg P)}{t^{0.6}}$	3.57	4.32	5.32	632.7	34.0	57.6
			129	156	191			
	吉林	$q=\dfrac{2166(1+0.68\lg P)}{(t+7)^{0.831}}$	2.75	3.31	4.05	—	—	—
			99	119	146			
	海龙	$i=\dfrac{16.4(1+0.899\lg P)}{(t+10)^{0.867}}$	2.39	3.04	3.89	—	—	—
			86	109	140			
	通化	$q=\dfrac{1154.3(1+0.70\lg P)}{t^{0.6}}$	4.39	5.32	6.55	—	—	—
			158	192	236			
	浑江	$q=\dfrac{696(1+1.05\lg P)}{t^{0.67}}$	2.37	3.12	4.11	—	—	—
			85	112	148			
	延吉	$q=\dfrac{666.2(1+0.70\lg P)}{t^{0.6}}$	2.54	3.07	3.78	528.2	30.4	45.6
			91	111	136			
	辽源	—	3.39	4.08	5.00	—	—	—
			122	147	180			
	双江	—	2.67	3.21	3.93	—	—	—
			96	116	141			
	长白	—	2.99	3.62	4.45	—	—	—
			108	130	160			
	敦化	—	2.74	3.32	4.08	—	—	—
			99	120	147			
	图门	—	2.44	2.95	3.63	—	—	—
			88	106	131			
	桦甸	—	3.86	4.68	5.76	—	—	—
			139	168	207			

城镇名称		暴雨强度公式	降雨强度 q_5 (L/S·100m²)/ H(mm/h)			年均降雨量（mm）	一年一遇日降雨量（mm）	两年一遇日降雨量（mm）
			$P=1$	$P=2$	$P=5$			
辽宁	沈阳	$i=\dfrac{11.522+9.348\lg P_E}{(t+8.196)^{0.738}}$	2.87	3.57	4.49	690.3	34.9	74.0
			103	128	162			
	本溪	$q=\dfrac{1393(1+0.63\lg P)}{(t+5.045)^{0.67}}$	2.97	3.53	4.28	763.1	42.7	72.2
			107	127	154			
	丹东	$q=\dfrac{1221(1+0.668\lg P)}{(t+7)^{0.605}}$	2.72	3.26	3.98	925.6	63.1	104.6
			98	117	143			
	大连	$q=\dfrac{1900(1+0.66\lg P)}{(t+8)^{0.8}}$	2.44	2.93	3.57	601.9	34.3	81.8
			88	105	128			
	营口	$q=\dfrac{1686(1+0.77\lg P)}{(t+8)^{0.72}}$	2.66	3.28	4.09	646.5	43.0	78.0
			96	118	147			
	鞍山	$q=\dfrac{2306(1+0.70\lg P)}{(t+11)^{0.757}}$	2.83	3.42	4.21	—	—	—
			102	123	152			
	辽阳	$q=\dfrac{1220(1+0.75\lg P)}{(t+5)^{0.65}}$	2.73	3.35	4.16			
			98	121	150			
	黑山	$q=\dfrac{1676(1+0.9\lg P)}{(t+7.4)^{0.747}}$	2.56	3.25	4.16			
			92	117	150			
	锦州	$q=\dfrac{2322(1+0.875\lg P)}{(t+10)^{0.79}}$	2.73	3.45	4.41	567.7	38.5	66.6
			98	124	159			
	锦西	$q=\dfrac{1878(1+0.8\lg P)}{(t+6)^{0.732}}$	3.25	4.03	5.06	—	—	—
			117	145	182			
	绥中	$q=\dfrac{1833(1+0.806\lg P)}{(t+9)^{0.724}}$	2.71	3.37	4.24			
			98	121	153			
	阜新	—	2.23	2.95	4.25	—	—	—
			80	106	153			

城镇名称		暴雨强度公式	降雨强度 q_5 (L/S·100m²)/ H(mm/h)			年均降雨量 (mm)	一年一遇日降雨量 (mm)	两年一遇日降雨量 (mm)
			$P=1$	$P=2$	$P=5$			
山东	济南	$q=\dfrac{1869.916(1+0.7573\lg P)}{(t+11.0911)^{0.6645}}$	2.95	3.62	4.51	672.7	43.6	72.1
			106	130	162			
	德州	$q=\dfrac{3082(1+0.7\lg P)}{(t+15)^{0.79}}$	2.89	3.50	4.31	—	—	—
			104	126	155			
	淄博	$i=\dfrac{15.873(1+0.78\lg P)}{(t+10)^{0.81}}$	2.96	3.65	4.57	—	—	—
			106	131	164			
	潍坊	$q=\dfrac{4091.17(1+0.824\lg P)}{(t+16.7)^{0.87}}$	2.81	3.51	4.43	588.3	34.9	71.9
			101	126	160			
	掖县	$i=\dfrac{17.034+17.322\lg T_E}{(t+9.508)^{0.837}}$	3.03	3.96	5.19	—	—	—
			109	143	187			
	龙口	$i=\dfrac{3.781+3.118\lg T_E}{(t+2.605)^{0.467}}$	2.45	3.06	3.86	—	—	—
			88	110	139			
	长岛	$i=\dfrac{5.941+4.976\lg T_E}{(t+3.626)^{0.622}}$	2.60	3.25	4.12	—	—	—
			93	117	148			
	烟台	$i=\dfrac{6.912+7.373\lg T_E}{(t+9.018)^{0.609}}$	2.31	3.05	4.04	—	—	—
			83	110	145			
	莱阳	$i=\dfrac{5.824+6.241\lg T_E}{(t+8.173)^{0.532}}$	2.47	3.26	4.32	—	—	—
			89	117	155			
	海阳	$i=\dfrac{4.953+4.063\lg T_E}{(t+0.158)^{0.523}}$	3.51	4.37	5.52	—	—	—
			126	157	199			
	枣庄	$i=\dfrac{65.512+52.455\lg T_E}{(t+22.378)^{1.069}}$	3.18	3.95	4.96	—	—	—
			114	142	179			
	青岛	—	2.10	2.54	3.12	—	—	—
			76	91	112			
江苏	南京	$q=\dfrac{2989.3(1+0.671\lg P)}{(t+13.3)^{0.80}}$	2.92	3.51	4.29	1062.4	45.6	85.6
			105	126	155			
	徐州	$q=\dfrac{1510.7(1+0.514\lg P)}{(t+9.0)^{0.64}}$	2.79	3.22	3.79	831.7	65.8	87.1
			100	116	137			

城镇名称		暴雨强度公式	降雨强度 q_5 (L/S·100m²)/ H(mm/h)			年均降雨量 (mm)	一年一遇日降雨量 (mm)	两年一遇日降雨量 (mm)
			$P=1$	$P=2$	$P=5$			
江苏	连云港	$q=\dfrac{3360.04(1+0.82\lg P)}{(t+35.7)^{0.74}}$	2.16	2.70	3.40	—	—	—
			78	97	123			
	淮阴	$q=\dfrac{5030.04(1+0.887\lg P)}{(t+23.2)^{0.88}}$	2.66	3.37	4.31	—	—	—
			96	121	155			
	盐城	$q=\dfrac{945.22(1+0.761\lg P)}{(t+3.5)^{0.57}}$	2.79	3.43	4.27	—	—	—
			100	123	154			
	扬州	$q=\dfrac{8248.13(1+0.641\lg P)}{(t+40.3)^{0.95}}$	2.20	2.63	3.19	—	—	—
			79	95	115			
	南通	$q=\dfrac{2007.34(1+0.752\lg P)}{(t+17.9)^{0.71}}$	2.17	2.67	3.32	—	—	—
			78	96	119			
	镇江	$q=\dfrac{2418.16(1+0.787\lg P)}{(t+10.5)^{0.78}}$	2.85	3.53	4.42	—	—	—
			103	127	159			
	常州	$q=\dfrac{3727.44(1+0.742\lg P)}{(t+15.8)^{0.88}}$	2.58	3.16	3.92	—	—	—
			93	114	141			
	无锡	$q=\dfrac{10579(1+0.828\lg P)}{(t+46.4)^{0.99}}$	2.14	2.67	3.38	—	—	—
			77	96	122			
	苏州	$q=\dfrac{2887.43(1+0.794\lg P)}{(t+18.8)^{0.81}}$	2.22	2.75	3.45	—	—	—
			80	99	124			
	清江	—	2.88	3.45	4.20	—	—	—
			104	124	151			
	高淳	—	2.87	3.62	4.62	—	—	—
			103	130	4.62			
	泗洪	—	2.17	2.57	3.10	—	—	—
			78	93	112			
	阜宁	—	2.69	3.13	3.65	—	—	—
			97	113	131			
	沭阳	—	2.97	3.52	4.25	—	—	—
			107	127	153			

城镇名称		暴雨强度公式	降雨强度 q_5 (L/S·100m²)/ H(mm/h)			年均降雨量 (mm)	一年一遇日降雨量 (mm)	两年一遇日降雨量 (mm)
			$P=1$	$P=2$	$P=5$			
江 苏	响水	—	2.56	3.20	4.04	—	—	—
			92	115	145			
	泰州	—	2.22	2.59	3.09	—	—	—
			80	93	111			
	江阴	—	2.52	3.28	4.27	—	—	—
			91	118	154			
	溧阳	—	1.71	2.10	2.62	—	—	—
			62	76	94			
	高邮	—	2.84	3.37	4.08	—	—	—
			102	121	147			
	东台	—	2.74	3.30	4.04	1062.5	67.7	89.6
			99	119	145			
	太仓	—	2.00	2.46	3.06	—	—	—
			72	89	110			
	吴县	—	2.29	2.90	3.72	—	—	—
			82	104	134			
	句容	—	2.70	3.26	4.00	—	—	—
			97	117	144			
安 徽	合肥	$q=\dfrac{3600(1+0.76\lg P)}{(t+14)^{0.84}}$	3.03	3.73	4.65	995.3	45.3	82.1
			109	134	167			
	蚌埠	$q=\dfrac{2550(1+0.77\lg P)}{(t+12)^{0.774}}$	2.85	3.51	4.38	919.6	57.2	85.4
			102	126	158			
	淮南	$i=\dfrac{12.18(1+0.71\lg P)}{(t+6.29)^{0.71}}$	3.64	4.42	5.44	—	—	—
			131	159	196			
	芜湖	$q=\dfrac{3345(1+0.78\lg P)}{(t+12)^{0.83}}$	3.19	3.93	4.92	—	—	—
			115	142	177			
	安庆	$q=\dfrac{1986.8(1+0.777\lg P)}{(t+8.404)^{0.689}}$	3.32	4.10	5.13	1474.9	63.7	104.2
			120	148	185			

城镇名称		暴雨强度公式	降雨强度 q_5 (L/S·100m²)/ H(mm/h)			年均降雨量 (mm)	一年一遇日降雨量 (mm)	两年一遇日降雨量 (mm)
			$P=1$	$P=2$	$P=5$			
浙江	杭州	$q=\dfrac{20.120+0.639\lg P}{(t+11.945)^{0.825}}$	3.25	3.28	3.33	1454.6	57.5	83.2
			117	118	120			
	诸暨	$i=\dfrac{20.688+17.734\lg T_E}{(t+6.146)^{0.891}}$	4.03	5.07	6.45	—	—	—
			145	183	232			
	宁波	$i=\dfrac{154.467+109.494\lg T_E}{(t+34.516)^{1.177}}$	3.41	4.13	5.09	—	—	—
			123	149	183			
	温州	$i=\dfrac{13.274+0.573\lg P}{(t+12.641)^{0.663}}$	3.31	3.35	3.41	1742.4	77.4	107.8
			119	121	123			
	衢州	$q=\dfrac{2551.010(1+0.567\lg P)}{(t+10)^{0.780}}$	3.09	3.61	4.31	1705.0	58.9	93.7
			111	130	155			
	余姚	$i=\dfrac{21.901+14.775\lg P}{(t+14.426)^{0.817}}$	3.24	3.90	4.77	—	—	—
			117	140	172			
	浒山	$i=\dfrac{33.141+28.559\lg T_M}{(t+31.506)^{0.874}}$	2.39	3.00	3.82	—	—	—
			86	108	138			
	镇海	$i=\dfrac{127.397+108.830\lg T_M}{(t+39.331)^{1.145}}$	2.77	3.48	4.42	—	—	—
			100	125	159			
	溪口	$i=\dfrac{42.004+30.861\lg T_M}{(t+24.272)^{0.954}}$	2.80	3.42	4.24	—	—	—
			101	123	153			
	绍兴	$i=\dfrac{21.032+0.593\lg P}{(t+11.814)^{0.827}}$	3.40	3.43	3.47	—	—	—
			123	124	125			
	湖州	$i=\dfrac{25.248+0.738\lg P}{(t+16.381)^{0.834}}$	3.28	3.31	3.35	—	—	—
			118	119	120			
	嘉兴	$i=\dfrac{21.086+0.675\lg P}{(t+15.153)^{0.799}}$	3.20	3.23	3.27	—	—	—
			115	116	118			
	台州	$i=\dfrac{12.769+0.537\lg P}{(t+13.457)^{0.671}}$	3.01	3.05	3.10	—	—	—
			109	110	112			
	舟山	$i=\dfrac{48.386+0.701\lg P}{(t+25.201)^{0.982}}$	2.84	2.86	2.87	1356	53.7	84.8
			102	103	103			

城镇名称		暴雨强度公式	降雨强度 q_5 (L/S·100m²)/ H(mm/h)			年均降雨量 (mm)	一年一遇一日降雨量 (mm)	两年一遇一日降雨量 (mm)
			$P=1$	$P=2$	$P=5$			
浙江	丽水	$i=\dfrac{20.527+0.604\lg P}{(t+12.203)^{0.852}}$	3.04	3.06	3.10	—	—	—
			109	110	112			
	金华	$i=\dfrac{10.599+0.771\lg P}{(t+5.084)^{0.707}}$	3.45	3.53	3.63	—	—	—
			124	127	131			
	兰溪	—	3.80	4.40	5.22	—	—	—
			137	158	188			
江西	南昌	$q=\dfrac{1386(1+0.69\lg P)}{(t+1.4)^{0.64}}$	4.22	5.10	6.26	1624.4	65.6	101.0
			152	184	225			
	庐山	$q=\dfrac{2121(1+0.61\lg P)}{(t+8)^{0.73}}$	3.26	3.86	4.65	—	—	—
			117	139	167			
	修水	$q=\dfrac{3006(1+0.78\lg P)}{(t+10)^{0.79}}$	3.54	4.37	5.47	—	—	—
			127	157	197			
	波阳	$q=\dfrac{1700(1+0.58\lg P)}{(t+8)^{0.66}}$	3.13	3.67	4.40	—	—	—
			113	132	158			
	宜春	$q=\dfrac{2806(1+0.67\lg P)}{(t+10)^{0.79}}$	3.30	3.97	4.85	—	—	—
			119	143	175			
	贵溪	$q=\dfrac{7014(1+0.49\lg P)}{(t+19)^{0.96}}$	3.32	3.81	4.46	—	—	—
			119	137	160			
	吉安	$q=\dfrac{5010(1+0.48\lg P)}{(t+10)^{0.92}}$	4.15	4.75	5.54	1518.8	57.9	86.5
			149	171	199			
	赣州	$q=\dfrac{3173(1+0.56\lg P)}{(t+10)^{0.79}}$	3.74	4.37	5.20	1461.2	57.3	78.1
			134	157	187			
	景德镇	—	3.70	4.36	5.25	1826.6	67.6	109.8
			133	157	189			
	萍乡	—	3.08	3.81	4.76	—	—	—
			111	137	171			
	九江	—	3.83	4.52	5.43	—	—	—
			138	163	195			

城镇名称		暴雨强度公式	降雨强度 q_5 (L/S·100m²)/ H(mm/h)			年均降雨量 (mm)	一年一遇日降雨量 (mm)	两年一遇日降雨量 (mm)
			$P=1$	$P=2$	$P=5$			
江西	湖口	—	3.65	4.31	5.18	—	—	—
			131	155	186			
	上饶	—	4.63	5.28	6.15	—	—	—
			167	190	221			
	婺源	—	3.54	4.05	4.71	—	—	—
			127	146	170			
	资溪	—	3.98	4.82	5.93	—	—	—
			143	174	213			
	莲花	—	3.47	4.01	4.73	—	—	—
			125	144	170			
	新余	—	2.54	3.06	3.74	—	—	—
			91	110	135			
	清江	—	4.12	4.98	6.11	—	—	—
			148	179	220			
	上高	—	3.26	3.97	4.90	—	—	—
			117	143	176			
	瑞金	—	4.43	5.14	6.10	—	—	—
			159	185	220			
	兴国	—	4.31	4.99	5.88	—	—	—
			155	180	212			
	井冈山	—	2.15	2.51	2.99	—	—	—
			77	90	108			
	龙南	—	3.23	3.77	4.49	—	—	—
			116	136	162			
	南丰	—	3.90	4.51	5.32	—	—	—
			140	162	192			
	都昌	—	2.20	2.59	3.12	—	—	—
			79	93	112			

城镇名称		暴雨强度公式	降雨强度 q_5 (L/S·100m²)/ H(mm/h)			年均降雨量（mm）	一年一遇日降雨量（mm）	两年一遇日降雨量（mm）
			$P=1$	$P=2$	$P=5$			
江西	彭泽	—	2.48	2.92	3.49	—	—	—
			89	105	126			
	永修	—	4.05	4.90	6.01	—	—	—
			146	176	216			
	德安	—	2.51	3.04	3.74	—	—	—
			90	109	135			
	玉山	—	4.74	5.41	6.29	—	—	—
			171	195	226			
	安福	—	3.96	4.53	5.29	—	—	—
			143	163	190			
	弋阳	—	4.19	4.81	5.62	—	—	—
			151	173	202			
	临川	—	3.81	4.44	5.27	—	—	—
			137	160	190			
	遂川	—	4.40	5.09	6.00	—	—	—
			158	183	216			
	寻鸟	—	3.74	4.37	5.20	—	—	—
			135	157	187			
	信丰	—	5.07	5.93	7.06	—	—	—
			183	213	254			
	会昌	—	3.72	4.35	5.18	—	—	—
			134	157	186			
	宁都	—	3.06	3.54	4.17	—	—	—
			110	127	150			
	广昌	—	3.94	4.56	5.37	—	—	—
			142	164	193			
	德兴	—	3.92	4.47	5.21	—	—	—
			141	161	188			

城镇名称		暴雨强度公式	降雨强度 q_5 (L/S·100m²)/ H(mm/h)			年均降雨量 (mm)	一年一遇日降雨量 (mm)	两年一遇日降雨量 (mm)
			$P=1$	$P=2$	$P=5$			
江西	进贤	—	4.18	4.94	5.94	—	—	—
			150	178	214			
	泰和	—	4.98	5.70	6.65	—	—	—
			179	205	239			
	乐平	—	3.59	4.15	4.89	—	—	—
			129	149	176			
	东乡	—	3.95	4.66	5.60	—	—	—
			142	168	202			
	金溪	—	3.31	3.86	4.59	—	—	—
			119	139	165			
	余干	—	3.67	4.31	5.16	—	—	—
			132	155	186			
	武宁	—	2.68	3.30	4.13	—	—	—
			96	119	149			
	丰城	—	3.50	4.23	5.19	—	—	—
			126	152	187			
	峡江	—	3.72	4.26	4.97	—	—	—
			134	153	179			
	奉新	—	4.57	5.58	6.93	—	—	—
			165	201	249			
	铜鼓	—	2.98	3.68	4.61	—	—	—
			107	132	166			
	乐安	—	4.04	4.71	5.60	—	—	—
			145	170	202			
福建	福州	$q=\dfrac{2136.312(1+0.700\lg T_E)}{(t+7.576)^{0.711}}$	3.53	4.27	5.26	1393.6	52.1	97.8
			127	154	189			
	福清	$q=\dfrac{1220.705(1+0.505\lg T_E)}{(t+4.083)^{0.593}}$	3.30	3.80	4.46	—	—	—
			119	137	161			

城镇名称		暴雨强度公式	降雨强度 q_5 (L/S·100m²)/ H(mm/h)			年均降雨量 (mm)	一年一遇日降雨量 (mm)	两年一遇日降雨量 (mm)
			$P=1$	$P=2$	$P=5$			
福建	长乐	$q=\dfrac{1310.144(1+0.663\lg T_E)}{(t+3.929)^{0.624}}$	3.34	4.01	4.89	—	—	—
			120	144	176			
	连江	$q=\dfrac{2145.118(1+0.635\lg T_E)}{(t+5.803)^{0.723}}$	3.84	4.57	5.54	—	—	—
			138	165	200			
	闽侯	$q=\dfrac{4118.863(1+0.543\lg T_E)}{(t+13.651)^{0.855}}$	3.38	3.93	4.66	—	—	—
			122	141	168			
	罗源	$q=\dfrac{2765.289(1+0.506\lg T_E)}{(t+10.713)^{0.767}}$	3.34	3.85	4.53	—	—	—
			120	139	163			
	厦门	$q=\dfrac{1432.348(1+0.582\lg T_E)}{(t+4.560)^{0.633}}$	3.43	4.03	4.83	1349.0	49.1	109.3
			124	145	174			
	漳州	$q=\dfrac{2618.151(1+0.571\lg T_E)}{(t+7.732)^{0.728}}$	4.11	4.81	5.75	—	—	—
			148	173	207			
	龙海	$q=\dfrac{1273.318(1+0.624\lg P)}{(t+3.208)^{0.569}}$	3.84	4.57	5.52	—	—	—
			138	164	199			
	漳浦	$q=\dfrac{2253.448(1+0.563\lg P)}{(t+12.114)^{0.703}}$	3.06	3.58	4.26	—	—	—
			110	129	154			
	云霄	$q=\dfrac{1184.218(1+0.446\lg P)}{(t+4.660)^{0.540}}$	3.48	3.95	4.56	—	—	—
			125	142	164			
	诏安	$q=\dfrac{1219.148(1+0.495\lg P)}{(t+4.527)^{0.558}}$	3.47	3.98	4.66	—	—	—
			125	143	168			
	东山	$q=\dfrac{1210.683(1+0.721\lg P)}{(t+3.382^{0.538}}$	3.86	4.69	5.80	—	—	—
			139	169	209			
	泉州	$q=\dfrac{1639.461(1+0.591\lg P)}{(t+7.695)^{0.658}}$	3.08	3.63	4.35	—	—	—
			111	131	157			
	晋江	$q=\dfrac{1742.815(1+0.585\lg P)}{(t+6.065)^{0.668}}$	3.50	4.11	4.93	—	—	—
			126	148	177			
	南安	$q=\dfrac{1663.367(1+0.546\lg P)}{(t+6.724)^{0.637}}$	3.47	4.08	4.89	—	—	—
			125	147	176			

城镇名称		暴雨强度公式	降雨强度 q_5 (L/S·100m²)/ H(mm/h)			年均降雨量 (mm)	一年一遇日降雨量 (mm)	两年一遇日降雨量 (mm)
			$P=1$	$P=2$	$P=5$			
福建	惠安	$q=\dfrac{892.031(1+0.688\lg P)}{(t+2.055)^{0.534}}$	3.14	3.79	4.65	—	—	—
			113	137	168			
	德化	$q=\dfrac{2328.859(1+0.431\lg P)}{(t+7.747)^{0.731}}$	3.62	4.09	4.71	—	—	—
			130	147	170			
	永春	$q=\dfrac{1974.454(1+0.541\lg P)}{(t+5.990)^{0.636}}$	4.30	5.00	5.92	—	—	—
			155	180	213			
	莆田	$q=\dfrac{1950.220(1+0.629\lg P)}{(t+6.756)^{0.697}}$	3.50	4.16	5.04	—	—	—
			126	150	181			
	仙游	$q=\dfrac{3604.085(1+0.486\lg P)}{(t+12.490)^{0.798}}$	3.67	4.21	4.92	—	—	—
			132	152	177			
	三明	$q=\dfrac{3973.398(1+0.494\lg P)}{(t+12.17)^{0.848}}$	3.57	4.10	4.80	—	—	—
			128	147	173			
	永安	$q=\dfrac{2635.188(1+0.536\lg P)}{(t+8.508)^{0.789}}$	3.38	3.92	4.64	1484.6	60.3	75.3
			122	141	167			
	沙县	$q=\dfrac{3560.956(1+0.481\lg P)}{(t+9.975)^{0.844}}$	3.63	4.15	4.85	—	—	—
			131	149	174			
	南平	$q=\dfrac{2109.869(1+0.513\lg P)}{(t+6.597)^{0.720}}$	3.61	4.17	4.91	1652.4	58.8	87.2
			130	150	177			
	邵武	$q=\dfrac{2555.940(1+0.547\lg P)}{(t+6.530)^{0.769}}$	3.90	4.54	5.39	—	—	—
			140	163	194			
	建瓯	$q=\dfrac{2787.609(1+0.528\lg P)}{(t+8.614)^{0.787}}$	3.57	4.14	4.89	—	—	—
			129	149	176			
	建阳	$q=\dfrac{3134.242(1+0.524\lg P)}{(t+7.996)^{0.807}}$	3.96	4.58	5.41	—	—	—
			142	165	195			
	武夷山	$q=\dfrac{2247.563(1+0.495\lg P)}{(t+8.638)^{0.704}}$	3.57	4.10	4.81	—	—	—
			129	148	173			
	浦城	$q=\dfrac{2563.662(1+0.512\lg P)}{(t+7.403)^{0.771}}$	3.68	4.25	5.00	—	—	—
			132	153	180			
	龙岩	$q=\dfrac{2399.136(1+0.471\lg P)}{(t+8.162)^{0.756}}$	3.42	3.90	4.54	—	—	—
			123	141	164			

城镇名称		暴雨强度公式	降雨强度 q_5 (L/S·100m²)/ H(mm/h)			年均降雨量 (mm)	一年一遇日降雨量 (mm)	两年一遇日降雨量 (mm)
			$P=1$	$P=2$	$P=5$			
福建	漳平	$q=\dfrac{2234.704(1+0.590\lg P)}{(t+5.238)^{0.763}}$	3.79	4.46	5.35	—	—	—
			136	161	193			
	连城	$q=\dfrac{3054.798(1+0.508\lg P)}{(t+10.675)^{0.787}}$	3.50	4.04	4.75	—	—	—
			126	145	171			
	长汀	$q=\dfrac{2690.159(1+0.475\lg P)}{(t+8.911)^{0.758}}$	3.66	4.18	4.87	—	—	—
			132	150	175			
	宁德	$q=\dfrac{1750.121(1+0.541\lg P)}{(t+6.799)^{0.633}}$	3.67	4.27	5.06	—	—	—
			132	154	182			
	福安	$q=\dfrac{2488.427(1+0.532\lg P)}{(t+8.710)^{0.745}}$	3.54	4.11	4.85	—	—	—
			127	148	175			
	福鼎	$q=\dfrac{2995.282(1+0.634\lg P)}{(t+9.587)^{0.776}}$	3.74	4.46	5.40	—	—	—
			135	160	194			
	霞浦	$q=\dfrac{2180.616(1+0.669\lg P)}{(t+8.240)^{0.723}}$	3.37	4.05	4.94	—	—	—
			121	146	178			
河南	郑州	$q=\dfrac{3073(1+0.892\lg P)}{(t+15.1)^{0.824}}$	2.59	3.29	4.21	632.4	44.7	71.2
			93	118	152			
	安阳	$q=\dfrac{3680P^{0.4}}{(t+16.7)^{0.858}}$	2.63	3.46	5.00	567.1	42.9	74.0
			95	125	180			
	新乡	$q=\dfrac{1102(1+0.623\lg P)}{(t+3.20)^{0.60}}$	3.12	3.70	4.48	—	—	—
			112	133	161			
	济源	$i=\dfrac{22.973+35.317\lg T_M}{(t+27.857)^{0.926}}$	1.51	2.21	3.14	—	—	—
			54	80	113			
	洛阳	$q=\dfrac{3336(1+0.827\lg P)}{(t+14.8)^{0.884}}$	2.38	2.98	3.76	—	—	—
			86	107	135			
	开封	$q=\dfrac{4801(1+0.74\lg P)}{(t+17.4)^{0.913}}$	2.81	3.43	4.26	—	—	—
			101	124	153			
	商丘	$i=\dfrac{9.821+9.068\lg T_E}{(t+4.492)^{0.694}}$	3.44	4.40	5.66	—	—	—
			124	158	204			

城镇名称		暴雨强度公式	降雨强度 q_5 (L/S·100m²)/H(mm/h)			年均降雨量 (mm)	一年一遇日降雨量 (mm)	两年一遇日降雨量 (mm)
			$P=1$	$P=2$	$P=5$			
河南	许昌	$q=\dfrac{1987(1+0.747\lg P)}{(t+11.7)^{0.75}}$	2.41	2.95	3.66	—	—	—
			87	106	132			
	平顶山	$q=\dfrac{883.8(1+0.837\lg P)}{t^{0.57}}$	3.53	4.42	5.60	—	—	—
			127	159	202			
	南阳	$i=\dfrac{3.591+0.970\lg T_M}{(t+3.434)^{0.416}}$	2.47	3.29	4.38	—	—	—
			89	119	158			
	信阳	$q=\dfrac{2058P^{0.341}}{(t+11.9)^{0.723}}$	2.66	3.52	5.07	1083.6	45.7	105.0
			96	127	183			
	卢氏	—	3.10	3.96	5.16	—	—	—
			112	143	186			
	驻马店	—	2.54	3.24	4.17	979.2	64.0	78.3
			91	117	150			
湖北	汉口	$q=\dfrac{983(1+0.65\lg P)}{(t+4)^{0.56}}$	2.87	3.43	4.18	1269.0	61.3	102.6
			103	124	150			
	老河口	$q=\dfrac{6400(1+1.059\lg P)}{(t+23.36)}$	2.26	2.98	3.93	813.9	44.9	65.6
			81	107	141			
	随州	$q=\dfrac{1190(1+0.9\lg P)}{t^{0.7}}$	3.86	4.90	6.28	—	—	—
			139	176	226			
	恩施	$q=\dfrac{1108(1+0.73\lg P)}{t^{0.626}}$	4.05	4.93	6.11	1470.2	—	—
			146	178	220			
	荆州	$i=\dfrac{18.007+16.535\lg T_E}{(t+14.300)^{0.847}}$	2.69	3.43	4.41	—	—	—
			97	124	159			
	沙市	$q=\dfrac{684.7(1+0.854\lg P)}{t^{0.526}}$	2.94	3.69	4.69	—	—	—
			106	133	169			
	黄石	$q=\dfrac{2417(1+0.79\lg P)}{(t+7)^{0.7655}}$	3.61	4.46	5.60	—	—	—
			130	161	202			
	宜昌	—	3.28	3.72	4.20	1138.0	49.8	81.6
			118	134	151			
	荆门	—	2.25	2.68	3.25	—	—	—
			81	96	117			

城镇名称		暴雨强度公式	降雨强度 q_5 （L/S·100m²）/ H(mm/h)			年均降雨量 （mm）	一年一遇日降雨量 （mm）	两年一遇日降雨量 （mm）
			$P=1$	$P=2$	$P=5$			
湖南	长沙	$q=\dfrac{3920(1+0.68\lg P)}{(t+17)^{0.86}}$	2.75	3.31	4.05	1331.3	78.5	81.9
			99	119	146			
	常德	$i=\dfrac{6.890+6.251\lg T_E}{(t+4.367)^{0.602}}$	2.99	3.81	4.89	1323.3	47.8	90.3
			108	137	176			
	益阳	$q=\dfrac{914(1+0.882\lg P)}{t^{0.584}}$	3.57	4.52	5.77	—	—	—
			129	163	208			
	株洲	$q=\dfrac{1108(1+0.95\lg P)}{t^{0.623}}$	4.07	5.23	6.76	—	—	—
			146	188	244			
	衡阳	$q=\dfrac{892(1+0.67\lg P)}{t^{0.57}}$	3.56	4.28	5.23	—	—	—
			128	154	188			
	娄底	—	3.53	4.29	5.29	—	—	—
			127	154	190			
	醴陵	—	2.93	3.63	4.56	—	—	—
			105	131	164			
	冷水江	—	3.32	3.81	4.46	—	—	—
			120	137	161			
广东	广州	$q=\dfrac{2424.17(1+0.533\lg T)}{(t+11.0)^{0.668}}$	3.80	4.41	5.22	1736.1	51.8	106.8
			137	159	188			
	韶关	$q=\dfrac{958(1+0.63\lg P)}{t^{0.544}}$	3.99	4.75	5.75	1583.5	58.2	85.9
			144	171	207			
	汕头	$q=\dfrac{1042(1+0.56\lg P)}{t^{0.488}}$	4.75	5.55	6.61	1631.1	72.8	137.5
			171	200	238			
	深圳	$i=\dfrac{9.194(1+0.460\lg T)}{(t+6.840)^{0.555}}$	3.99	4.55	5.28	1966.5	—	—
			144	164	190			
	佛山	$q=\dfrac{1930(1+0.58\lg P)}{(t+9)^{0.66}}$	3.38	3.97	4.75	—	—	—
			122	143	171			

城镇名称		暴雨强度公式	降雨强度 q_5 (L/S·100m²)/ H(mm/h)			年均降雨量 (mm)	一年一遇日降雨量 (mm)	两年一遇日降雨量 (mm)
			$P=1$	$P=2$	$P=5$			
海南	海口	$q=\dfrac{2338(1+0.4\lg P)}{(t+9)^{0.65}}$	4.21	4.71	5.38	1651.9	79.1	144.8
			151	170	194			
广西	南宁	$i=\dfrac{32.287+18.194\lg T_E}{(t+18.880)^{0.851}}$	3.62	4.24	5.05	1309.7	62.6	90.3
			130	153	182			
	河池	$q=\dfrac{2850(1+0.597\lg P)}{(t+8.5)^{0.757}}$	3.97	4.69	5.63	1509.8	63.8	91.9
			143	169	203			
	融水	$q=\dfrac{2097(1+0.516\lg P)}{(t+6.7)^{0.65}}$	4.24	4.90	5.77	—	—	—
			153	176	208			
	桂林	$q=\dfrac{4230(1+0.402\lg P)}{(t+13.5)^{0.841}}$	3.64	4.08	4.66	1921.2	66.7	121.2
			131	147	168			
	柳州	$i=\dfrac{6.598+3.929\lg T_E}{(t+3.019)^{0.541}}$	3.57	4.21	5.06	—	—	—
			129	152	182			
	百色	$q=\dfrac{2800(1+0.547\lg P)}{(t+9.5)^{0.747}}$	3.80	4.42	5.25	1070.5	58.3	87.3
			137	159	189			
	宁明	$q=\dfrac{4030(1+0.62\lg P)}{(t+12.5)^{0.823}}$	3.82	4.54	5.48	—	—	—
			138	163	197			
	东兴	$i=\dfrac{4.557+2.485\lg T_E}{(t+1.738)^{0.314}}$	4.18	4.87	5.77	—	—	—
			150	175	208			
	钦州	$q=\dfrac{1817(1+0.505\lg P)}{(t+5.7)^{0.58}}$	4.60	5.29	6.22	—	—	—
			165	191	224			
	北海	$q=\dfrac{1625(1+0.437\lg P)}{(t+4.0)^{0.57}}$	6.49	7.35	8.48	—	—	—
			234	264	305			
	玉林	$q=\dfrac{2170(1+0.484\lg P)}{(t+6.4)^{0.665}}$	4.30	4.93	5.76	—	—	—
			155	177	207			
	梧州	$q=\dfrac{2070(1+0.466\lg P)}{(t+7)^{0.72}}$	3.46	3.94	4.59	1450.9	57.2	101.1
			125	142	165			
	全州	—	3.31	3.87	4.61	—	—	—
			119	139	166			

城镇名称		暴雨强度公式	降雨强度 q_5 (L/S·100m²)/ H(mm/h)			年均降雨量（mm）	一年一遇日降雨量（mm）	两年一遇日降雨量（mm）
			$P=1$	$P=2$	$P=5$			
广西	阳朔	—	3.73	4.27	4.97	—	—	—
			134	154	179			
	贵县	—	4.38	5.06	5.97			
			158	182	215			
	桂平	—	4.53	5.17	6.02	1739.8	74.7	103.8
			163	186	217			
	贺县	—	3.57	4.06	4.70			
			129	146	169			
	罗城	—	3.54	4.16	4.97			
			127	150	179			
	南丹	—	3.64	4.29	5.16			
			131	154	186			
	平果	—	3.70	4.25	4.97			
			133	153	179			
	田东	—	3.82	4.58	5.58			
			138	165	201			
	田阳	—	3.62	4.28	5.16			
			130	154	186			
	来宾	—	3.92	4.54	5.37	—	—	—
			141	163	193			
	鹿寨	—	4.46	5.10	5.94			
			161	184	214			
	宜山	—	3.56	4.14	4.89			
			128	149	176			
	兴安	—	3.45	4.00	4.72	—	—	—
			124	144	170			
	昭平	—	4.26	5.07	6.14	—	—	—
			153	183	221			

城镇名称		暴雨强度公式	降雨强度 q_5 (L/S·100m²)/ H(mm/h)			年均降雨量 (mm)	一年一遇日降雨量 (mm)	两年一遇日降雨量 (mm)
			$P=1$	$P=2$	$P=5$			
广西	柳城	—	3.50	4.11	4.93	—	—	—
			126	148	177			
	武鸣	—	3.57	4.15	4.93	—	—	—
			129	149	177			
	田林	—	4.00	4.62	5.45	—	—	—
			144	166	196			
	隆林	—	3.32	3.86	4.58	—	—	—
			120	139	165			
	崇左	—	4.07	4.67	5.46	—	—	—
			147	168	197			
陕西	西安	$i=\dfrac{16.8815(1+1.317\lg T_E)}{(t+21.5)^{0.9227}}$	1.37	1.91	2.63	553.3	29.2	45.5
			49	69	95			
	榆林	$i=\dfrac{8.22(1+1.152\lg P)}{(t+9.44)^{0.746}}$	1.87	2.52	3.38	365.6	25.6	45.2
			67	91	122			
	子长	$i=\dfrac{18.612(1+1.04\lg P)}{(t+15)^{0.877}}$	2.25	2.95	3.88		—	—
			81	106	140			
	延安	$i=\dfrac{5.582(1+1.292\lg P)}{(t+8.22)^{0.7}}$	1.53	2.12	2.91	510.7	34.9	51.4
			55	76	105			
	宜川	$i=\dfrac{15.64(1+1.01\lg P)}{(t+10)^{0.856}}$	2.57	3.35	4.39		—	—
			93	121	158			
	彬县	$i=\dfrac{8.802(1+1.328\lg P)}{(t+18.5)^{0.737}}$	1.43	2.01	2.77		—	—
			52	72	100			
	铜川	$i=\dfrac{5.94(1+1.39\lg P)}{(t+7)^{0.67}}$	1.88	2.66	3.70		—	—
			68	96	133			
	宝鸡	$i=\dfrac{11.01(1+0.94\lg P)}{(t+12)^{0.932}}$	1.31	1.68	2.17		—	—
			47	61	78			
	商县	$i=\dfrac{6.8(1+0.941\lg P)}{(t+9.556)^{0.731}}$	1.60	2.06	2.66	—	—	—
			58	74	96			

城镇名称		暴雨强度公式	降雨强度 q_5 (L/S·100m²)/ H(mm/h)			年均降雨量 (mm)	一年一遇日降雨量 (mm)	两年一遇日降雨量 (mm)
			$P=1$	$P=2$	$P=5$			
陕西	汉中	$i=\dfrac{2.6(1+1.041\lg P)}{(t+4)^{0.518}}$	1.39	1.83	2.40	852.6	39.1	63.4
			50	66	87			
	安康	$i=\dfrac{8.74(1+0.961\lg P)}{(t+14)^{0.75}}$	1.60	2.07	2.68	—	—	—
			58	74	97			
	咸阳	—	1.69	2.45	3.46	—	—	—
			61	88	125			
	蒲城	—	2.01	2.73	3.69	—	—	—
			72	98	133			
宁夏	银川	$q=\dfrac{242(1+0.83\lg P)}{t^{0.477}}$	1.12	1.40	1.77	186.3	—	—
			40	51	64			
甘肃	兰州	$i=\dfrac{6.862539+9.128435\lg T_E}{(t+12.69562)^{0.830818}}$	1.05	1.47	2.03	311.7	20.6	30.2
			38	53	73			
	张掖	$q=\dfrac{88.4P^{0.623}}{t^{0.456}}$	0.42	0.65	1.16	—	—	—
			15	24	42			
	临夏	$q=\dfrac{479(1+0.86\lg P)}{t^{0.621}}$	1.76	2.22	2.82	—	—	—
			63	80	102			
	靖远	$q=\dfrac{284(1+1.35\lg P)}{t^{0.505}}$	1.26	1.77	2.45	—	—	—
			45	64	88			
	平凉	$i=\dfrac{4.452+4.481\lg T_E}{(t+2.570)^{0.668}}$	1.92	2.51	3.28	482.1	34.1	43.9
			69	90	118			
	天水	$i=\dfrac{37.104+33.385\lg T_E}{(t+18.431)^{1.131}}$	1.75	2.22	2.85	491.6	27.2	40.2
			63	80	103			
	敦煌	—	1.39	1.73	2.18	42.2	—	—
			50	62	78			
	玉门	—	1.59	1.98	2.50	—	—	—
			57	71	90			

城镇名称		暴雨强度公式	降雨强度 q_5 (L/S·100m²)/ H(mm/h)			年均降雨量 (mm)	一年一遇日降雨量 (mm)	两年一遇日降雨量 (mm)
			$P=1$	$P=2$	$P=5$			
青海	西宁	$q=\dfrac{461.9(1+0.993\lg P)}{(t+3)^{0.686}}$	1.11	1.44	1.88	373.6	16.8	29.2
			40	52	68			
	同仁	—	0.81	1.10	1.49	—	—	—
			29	40	54			
新疆	乌鲁木齐	$q=\dfrac{195(1+0.82\lg P)}{(t+7.8)^{0.63}}$	0.39	0.49	0.62	286.3	15.2	24.2
			14	18	22			
	塔城	$q=\dfrac{750(1+1.1\lg P)}{t^{0.85}}$	1.91	2.54	3.38	—	—	—
			69	92	122			
	乌苏	$q=\dfrac{1135P^{0.583}}{t+4}$	1.26	1.89	3.22	—	—	—
			45	68	116			
	石河子	$q=\dfrac{198P^{1.318}}{t^{0.56}P^{0.306}}$	0.80	1.62	4.10	—	—	—
			29	58	148			
	奇台	$q=\dfrac{68.3P^{1.16}}{t^{0.45}P^{0.37}}$	0.80	1.39	2.87	—	—	—
			29	50	103			
	吐鲁番	—	0.73	0.90	1.14	—	—	—
			26	32	41			
重庆		$q=\dfrac{2509(1+0.845\lg P)}{(t+14.095)^{0.753}}$	2.72	3.42	4.33	1118.5	52.6	79.7
			98	123	156			
四川	成都	$q=\dfrac{2806(1+0.803\lg P)}{(t+12.8P^{0.231})^{0.768}}$	3.07	3.49	3.87	870.1	54.5	87.6
			111	126	139			
	内江	$q=\dfrac{1246(1+0.705\lg P)}{(t+4.73P^{0.0102})^{0.597}}$	3.20	3.20	4.76	—	—	—
			115	115	171			
	自贡	$q=\dfrac{4392(1+0.59\lg P)}{(t+19.3)^{0.804}}$	3.38	3.98	4.77	—	—	—
			122	143	172			
	泸州	$q=\dfrac{10020(1+0.56\lg P)}{t+36}$	2.44	2.86	3.40	—	—	—
			88	103	122			
	宜宾	$q=\dfrac{1169(1+0.828\lg P)}{(t+4.4P^{0.428})^{0.561}}$	3.33	3.82	4.24	1063.1	57.7	95.5
			120	138	153			

城镇名称		暴雨强度公式	降雨强度 q_5 (L/S·100m²)/ H(mm/h)			年均降雨量 (mm)	一年一遇日降雨量 (mm)	两年一遇日降雨量 (mm)
			$P=1$	$P=2$	$P=5$			
四川	乐山	$q=\dfrac{13690(1+0.695\lg P)}{t+50.4P^{0.038}}$	2.47	2.92	3.47	—	—	—
			89	105	125			
	雅安	$i=\dfrac{7.622(1+0.63\lg P)}{(t+6.64)^{0.56}}$	3.22	3.83	4.64			
			116	138	167			
	渡口	$q=\dfrac{2495(1+0.49\lg P)}{(t+10)^{0.84}}$	2.57	2.94	3.44			
			92	106	124			
	南充	—	1.81	1.95	2.06	987.2	51.8	85.4
			65	70	74			
	广元	—	3.24	4.20	5.13		—	
			117	151	185			
	遂宁	—	2.86	3.28	3.82			
			103	118	138			
	简阳	—	2.55	3.04	3.70			
			92	109	133			
	甘孜	—	0.64	0.80	1.00	643.5	21.1	26.3
			23	29	36			
贵州	贵阳	$q=\dfrac{1887(1+0.707\lg P)}{(t+9.35P^{0.031})^{0.695}}$	2.96	3.56	4.33	1117.7	44.8	74.1
			107	128	156			
	桐梓	$q=\dfrac{2022(1+0.674\lg P)}{(t+9.58P^{0.044})^{0.733}}$	2.84	3.36	4.03		—	—
			102	121	145			
	毕节	$q=\dfrac{5055(1+0.473\lg P)}{(t+17)^{0.95}}$	2.68	3.06	3.57	899.4	41.8	58.7
			97	110	128			
	水城	$i=\dfrac{42.25+62.60\lg P}{t+35}$	1.76	2.55	3.59		—	
			64	92	129			
	安顺	$q=\dfrac{3756(1+0.875\lg P)}{(t+13.14P^{0.158})^{0.827}}$	3.42	4.04	4.71			
			123	145	169			
	罗甸	$q=\dfrac{763(1+0.647\lg P)}{(t+0.915P^{0.775})^{0.51}}$	3.08	3.49	3.79			
			111	126	137			

城镇名称		暴雨强度公式	降雨强度 q_5 (L/S·100m²)/ H(mm/h)			年均降雨量 (mm)	一年一遇日降雨量 (mm)	两年一遇日降雨量 (mm)
			$P=1$	$P=2$	$P=5$			
贵州	榕江	$q=\dfrac{2223(1+0.767\lg P)}{(t+8.93P^{0.168})^{0.729}}$	3.26	3.79	4.38	—	—	—
			117	137	158			
	湄潭	—	2.91	3.37	3.98	—	—	—
			105	121	143			
	铜仁	—	3.36	4.06	4.86	—	—	—
			121	146	175			
云南	昆明	$i=\dfrac{8.918+6.183\lg P}{(t+10.247)^{0.649}}$	2.54	3.07	3.77	1011.3	53.6	66.3
			91	111	136			
	丽江	$q=\dfrac{317(1+0.958\lg P)}{t^{0.45}}$	1.54	1.98	2.57	968.0	34.9	50.8
			55	71	92			
	下关	$q=\dfrac{1534(1+1.035\lg P)}{(t+9.86)^{0.762}}$	1.96	2.57	3.38	—	—	—
			71	93	122			
	腾冲	$q=\dfrac{4342(1+0.96\lg P)}{t+13P^{0.09}}$	2.41	2.97	3.62	1527.1	45.2	63.5
			87	107	130			
	思茅	$q=\dfrac{3350(1+0.5\lg P)}{(t+10.5)^{0.85}}$	3.26	3.75	4.40	1497.1	51.2	80.1
			117	135	158			
	昭通	$q=\dfrac{4008(1+0.667\lg P)}{t+12P^{0.08}}$	2.36	2.72	3.15	—	—	—
			85	98	113			
	沾益	$q=\dfrac{2355(1+0.654\lg P)}{(t+9.4P^{0.157})^{0.806}}$	2.74	3.10	3.48	—	—	—
			99	112	125			
	开远	$q=\dfrac{995(1+1.15\lg P)}{t^{0.58}}$	3.91	5.27	7.06	—	—	—
			141	190	254			
	广南	$q=\dfrac{977(1+0.641\lg P)}{t^{0.57}}$	3.90	4.66	5.65	—	—	—
			141	168	204			
	临沧	—	2.80	3.19	3.63	1163.0	40.6	54.5
			101	115	131			
	蒙自	—	2.29	3.02	3.98	857.7	33.9	55.5
			82	109	143			

城镇名称		暴雨强度公式	降雨强度 q_5 (L/S·100m²)/ H(mm/h)			年均降雨量 (mm)	一年一遇日降雨量 (mm)	两年一遇日降雨量 (mm)
			$P=1$	$P=2$	$P=5$			
云南	河口	—	3.70	4.11	4.73	—	—	—
			133	148	170			
	玉溪	—	3.41	4.73	6.48	—	—	—
			123	170	233			
	曲靖	—	2.30	3.18	4.34	—	—	—
			83	114	156			
	宜良	—	2.11	2.91	3.97	—	—	—
			76	105	143			
	东川	—	1.80	2.45	3.31	—	—	—
			65	88	119			
	楚雄	—	2.59	3.32	4.29	847.9	42.2	56.1
			93	120	154			
	会泽	—	1.79	2.29	2.96	—	—	—
			64	82	107			
	宜威	—	4.09	5.41	7.15	—	—	—
			147	195	257			
	大理	—	1.98	2.42	3.13	—	—	—
			71	87	113			
	保山	—	2.50	3.23	4.19	—	—	—
			90	116	151			
	个旧	—	1.96	2.62	3.49	—	—	—
			71	94	126			
	芒市	—	3.14	4.02	5.18	—	—	—
			113	145	186			
	陆良	—	2.46	3.41	4.67	—	—	—
			89	123	168			
	文山	—	1.48	1.95	2.57	—	—	—
			53	70	93			

城镇名称		暴雨强度公式	降雨强度 q_5 (L/S·100m²)/ H(mm/h)			年均降雨量 (mm)	一年一遇日降雨量 (mm)	两年一遇日降雨量 (mm)
			$P=1$	$P=2$	$P=5$			
云南	晋宁	—	2.21	3.10	4.28	—	—	—
			80	112	154			
	允景洪	—	2.48	3.20	4.15	—	—	—
			89	115	149			
西藏	拉萨	—	2.57	3.15	3.91	426.4	18.0	27.3
			93	113	141			
	林芝	—	2.70	3.17	3.94	—	—	—
			97	114	142			
	日喀则	—	2.68	3.29	4.09	—	—	—
			96	118	147			
	那曲	—	2.33	2.87	3.56	—	—	—
			84	103	128			
	泽当	—	2.51	3.08	3.83	—	—	—
			90	111	138			
	昌都	—	2.70	3.17	3.94	—	—	—
			97	114	142			

注：1. 表中 P、T 代表设计降雨的重现期；T_E 代表非年最大值法选择的重现期；T_M 代表年最大值法选择的重现期。

2. 表中 q_5 为 5min 的降雨强度；H 为小时降雨厚度，根据 q_5 值折算而来。

3. 表中降雨强度的换算：

1L/S·100m² ＝360mm/h。

4. 表中 i 的单位为 mm/min。